一冊に凝縮

いちばんやさしい
スマートフォン超入門
Android対応

（第2版）

原田和也

SB Creative

本書に関するお問い合わせ

この度は小社書籍をご購入いただき誠にありがとうございます。小社では本書の内容に関するご質問を受け付けております。本書を読み進めていただきます中でご不明な箇所がございましたらお問い合わせください。なお、ご質問の前に小社Webサイトで「正誤表」をご確認ください。最新の正誤情報を下記Webページに掲載しております。

本書サポートページ

https://isbn2.sbcr.jp/17004/

上記ページのサポート情報にある「正誤情報」のリンクをクリックしてください。
なお、正誤情報がない場合、リンクは用意されていません。

ご質問送付先

ご質問については下記のいずれかの方法をご利用ください。

Webページより

上記サポートページ内にある「お問い合わせ」をクリックしていただき、ページ内の「書籍の内容について」をクリックすると、メールフォームが開きます。要綱に従ってご質問をご記入の上、送信してください。

郵送

郵送の場合は下記までお願いいたします。

〒106-0032
東京都港区六本木2-4-5
SBクリエイティブ 読者サポート係

はじめに

「スマートフォンを安心して使いたい」
本書は、そうしたみなさまのために企画したものです。

スマートフォンは、通話やメッセージで家族や友人と連絡できるほか、
写真を撮る、地図を見る、調べ物をするなど、さまざまな使い方ができます。
ただ、慣れないうちは、その多機能さゆえに、わかりにくさを感じることもあります。

そこで、Androidスマートフォンの操作を、大きくて見やすい画面と文字で解説し、手順通りに操作すれば、基本的な操作が身に付くようにしています。
スマートフォンがはじめてでも安全に楽しく使える道具になるよう、
丁寧にわかりやすい解説を心がけました。

本書が、みなさまが安心してスマートフォンを使う助けとなれば幸いです。

2023年4月
原田和也

ご購入・ご利用の前に必ずお読みください

- 本書では、2023年4月現在の情報に基づき、Androidスマートフォンについての解説を行っています。
- 画面および操作手順の説明には、以下の環境を利用しています。他機種やAndroid OSのバージョンによっては異なる部分があります。あらかじめご了承ください。
  - ・端末：Google Pixel 7
  - ・Android OSのバージョン：Android 13
- スマートフォンがモバイル通信もしくはWi-Fiに 接続されていることを前提にしています。
- 本書の発行後、Android 13がアップデートされた際に、一部の機能や画面、操作手順が変更になる可能性があります。また、アプリのサービスの画面や機能が予告なく変更される場合があります。あらかじめご了承ください。

本書の使い方

本書は、これからスマートフォンをはじめる方の入門書です。
71のレッスンを順番に行っていくことで、スマートフォンの基本がしっかり身に付くように構成されています。

紙面の見方

レッスン
本書は10章＋付録で構成されています。レッスンは1章から通し番号が振られています。

ここでの操作
レッスンで使用する操作を示しています。

手順
レッスンで行う操作手順を示しています。画面と右の説明を見ながら、実際に操作してください。

参考情報
さまざまな参考情報を掲載しています。

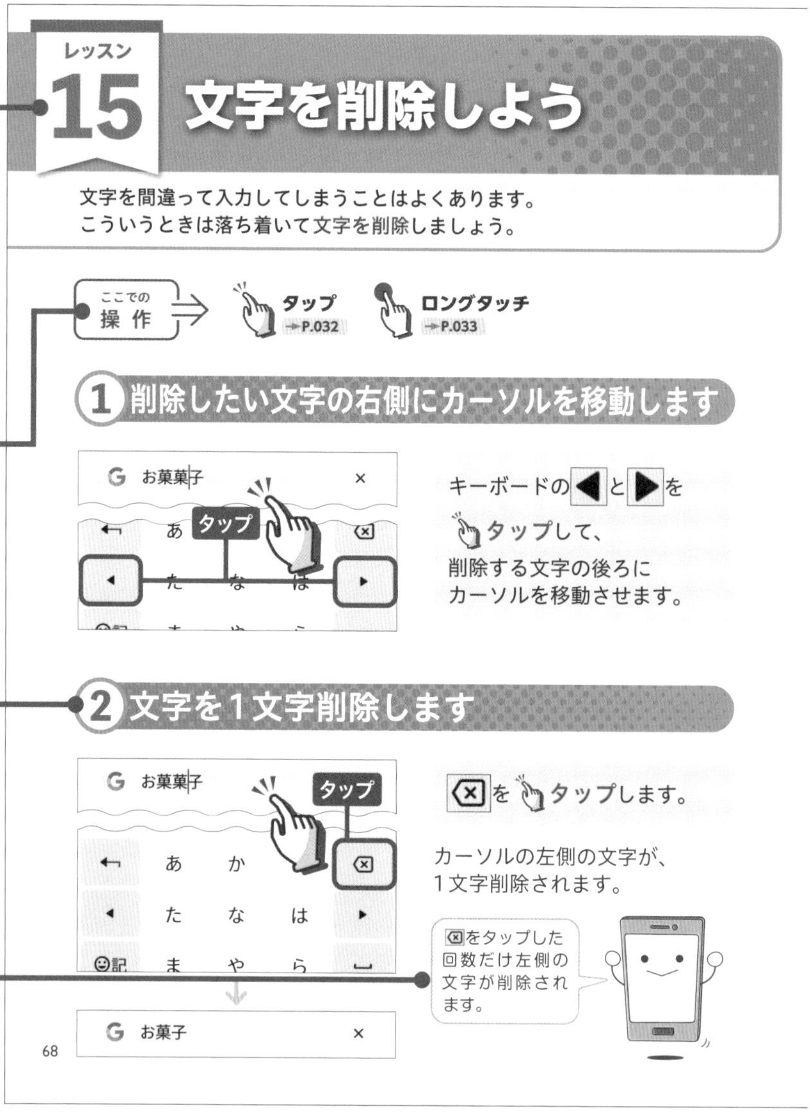

レッスン 15 文字を削除しよう

文字を間違って入力してしまうことはよくあります。
こういうときは落ち着いて文字を削除しましょう。

ここでの操作 タップ →P.032 ロングタッチ →P.033

1 削除したい文字の右側にカーソルを移動します

キーボードの◀と▶をタップして、削除する文字の後ろにカーソルを移動させます。

2 文字を1文字削除します

⌫をタップします。

カーソルの左側の文字が、1文字削除されます。

⌫をタップした回数だけ左側の文字が削除されます。

68

読みやすい！

書籍全体にわたって、読みやすい、太く、大きな文字を採用しています。

安心！

1つひとつの手順を掲載。初心者がつまずきがちな落とし穴も丁寧にフォローしています。

楽しい！

多くの人がやりたいことを徹底的に研究して、役立つ、楽しい内容に仕上げています。

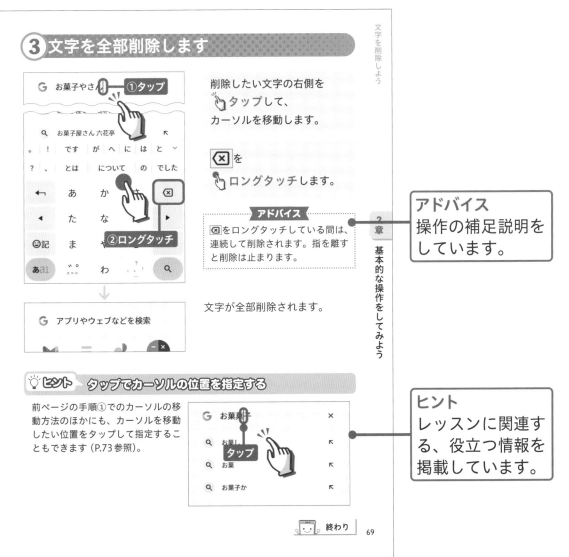

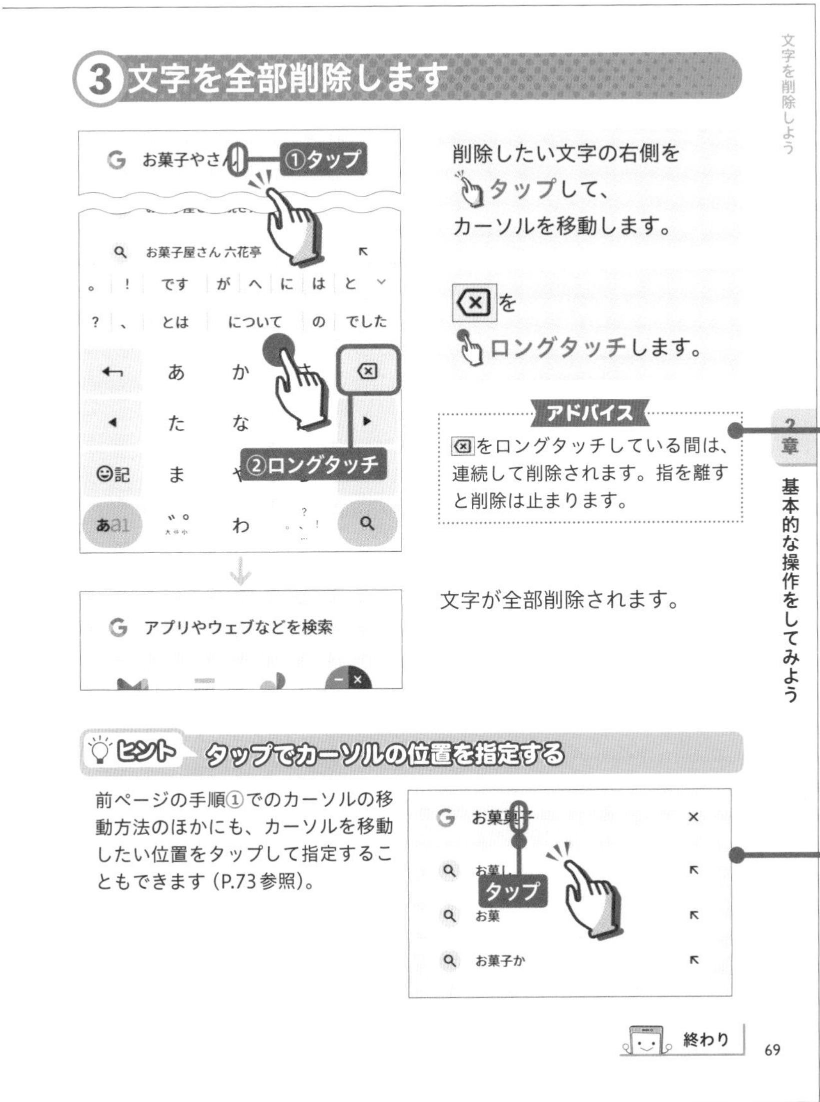

文字を削除しよう

③ 文字を全部削除します

削除したい文字の右側を タップして、カーソルを移動します。

⌫を ロングタッチします。

アドバイス

⌫をロングタッチしている間は、連続して削除されます。指を離すと削除は止まります。

文字が全部削除されます。

2章 基本的な操作をしてみよう

ヒント タップでカーソルの位置を指定する

前ページの手順①でのカーソルの移動方法のほかにも、カーソルを移動したい位置をタップして指定することもできます（P.73参照）。

終わり

69

アドバイス
操作の補足説明をしています。

ヒント
レッスンに関連する、役立つ情報を掲載しています。

目次

3章 スマートフォンの設定をしよう

4章 電話をかけてみよう

5章 メッセージやメールを使ってみよう

6章 写真や動画を撮影しよう

7章 インターネットを使ってみよう

8章 アプリを活用してみよう

9章 LINEを活用してみよう

10章 こういうときどうする？Q&A

付録 キャリアのサービスについて知ろう

巻頭特集

01 スマートフォンについて知ろう

スマートフォンはタッチパネルで操作します。
通話だけでなく、アプリでさまざまな用途に使えます。

スマートフォンではどんなことができるの？

スマートフォンは、フィーチャーフォン（ガラケー）と違い、画面を指で触りながら操作をします。スマートフォンはアプリを用いてさまざまな用途に使います。アプリとは、パソコンのソフトと同じようなもので、スマートフォンにインストールすることで、機能を増やすことができます。通話やメール、写真撮影、インターネットで調べもの、タイマーなど、多くの機能が使えます。

巻頭特集 02

通信キャリアについて知ろう

通話やデータ通信を行うには、スマートフォンを購入するときに、通信キャリア（通信事業会社）と契約します。

通信キャリアって何？

通信キャリア（以下キャリア）は、電気通信事業会社のことで、通話やデータ通信のサービスを提供する会社です。日本では「ドコモ」「au」「ソフトバンク」「楽天モバイル」の4社が大手キャリアです。キャリアと契約することで、携帯電話番号が取得でき、日本全国でモバイル回線を利用することができます。
また、格安SIM（P.298参照）と呼ばれる低価格で通信サービスを提供している事業者は、キャリアの回線を借りてユーザーにサービスを提供しています。

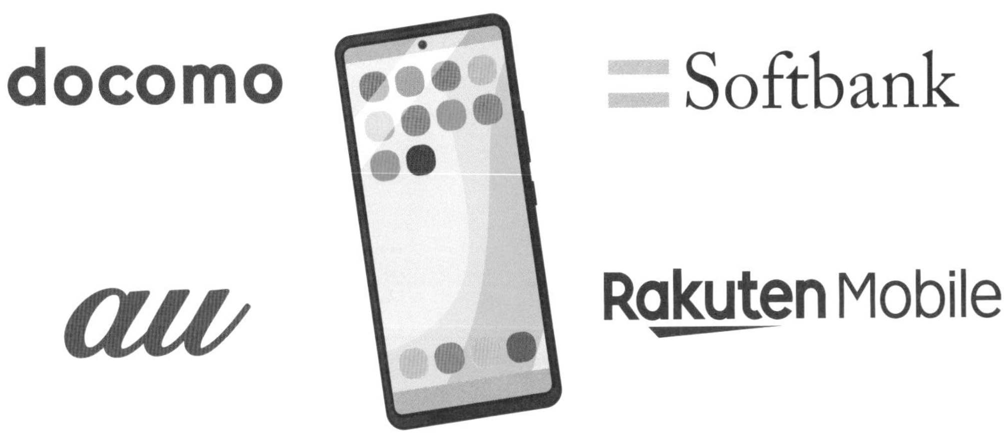

巻頭特集

03 スマートフォンを使う前に

スマートフォンを使うのに必要なことを確認しましょう。
端末の購入、キャリアとの契約、初期設定をしておく必要があります。

スマートフォンを使うまでに必要なこと

①スマートフォンの購入とキャリアとの契約

スマートフォンは、キャリアのショップやオンラインショップ、大手家電量販店で販売されています。購入時にはキャリアとの契約も行い、電話番号を取得することになります。キャリアとの契約時には、通信料金を含めたプランや支払い方法などを決める必要があります。ショップの店員さんに相談するか、家族や友人に詳しい人がいるなら、一緒に行ってもらうようにしましょう。

②スマートフォンの初期設定

スマートフォンを使いはじめるときには、初期設定が必要になります。Androidスマートフォンでは、Googleアカウントを取得する必要もあります。電源の入れ方や基本操作（第2章）、Googleアカウントの作成（第3章）は本書で解説していきますが、購入時にショップの店頭で設定してくれることもあるので、相談してみてもよいでしょう。

1章

スマートフォンの基本を知ろう

レッスンをはじめる前に

スマートフォンに使われているAndroidとは？

Androidは、グーグルが開発・提供しているスマートフォンの動作を管理している基本ソフトです。この基本ソフトは、OS（オペレーティング・システム）と呼ばれています。現在販売されているスマートフォンを大きく分けると、このAndroid OSを搭載したものとアップルのiOSを搭載したiPhoneの2種類があります。つまり、iPhone以外のスマートフォンのほとんどすべてには、Android OSが搭載されています。
Android OSは毎年改良され続けており、新しいスマートフォンには最新のバージョン（2023年4月時点はAndroid 13）が採用されています。改良が進んだことで、最新のスマートフォンはとても便利に使いやすくなっています。

Android OS (Google Pixel 7)

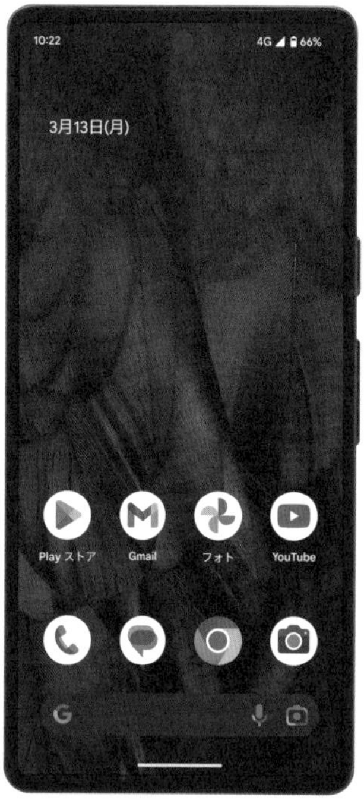

iOS (iPhone 14)

スマートフォンの機種について

Android OSを搭載したスマートフォンは、グーグルの「Google Pixel」、シャープの「AQUOS」、ソニーの「Xperia」など、さまざまなメーカーが独自のブランドで作っています。メーカーでは独自のカスタマイズを行い、機種によって、見た目のデザインだけでなく、機能や性能面での違いがあります。ただ、Androidの基本的な機能や操作の部分は共通していますので、本書で解説する基本操作は、Android OS搭載スマートフォン共通で利用いただけるはずです。なお、本書ではGoogle Pixel 7を使って解説をしています。
また、スマートフォンを販売しているドコモ、au、ソフトバンク、楽天モバイルといったキャリア(通信事業会社)によっても、独自のサービスを行うためにカスタマイズしている場合があります。スマートフォンで利用できる各キャリアの主なサービスについては、付録のレッスン67～70でも紹介していますが、詳しくは各携帯ショップでもご確認ください。

グーグル

Google Pixel

ソニー

Xperia

シャープ

AQUOS

メーカーによってデザインやホーム画面など、さまざまなカスタマイズの違いがあります。

ドコモ

My docomo

au

My au

ソフトバンク

My SoftBank

キャリアによって、それぞれ独自のサービスを展開しています。

レッスン 01
スマートフォンでできることを確認しよう

スマートフォンでは、アプリを使っていろいろなことができ、とても便利に使えます。ここではどんなことができるのか紹介します。

▶電話をかけることができます！（4章）

もしもし！
元気？
電話帳に連絡先を登録すれば、毎回電話番号を入力しなくても大丈夫です。

▶メールやメッセージのやり取りができます！（5章）

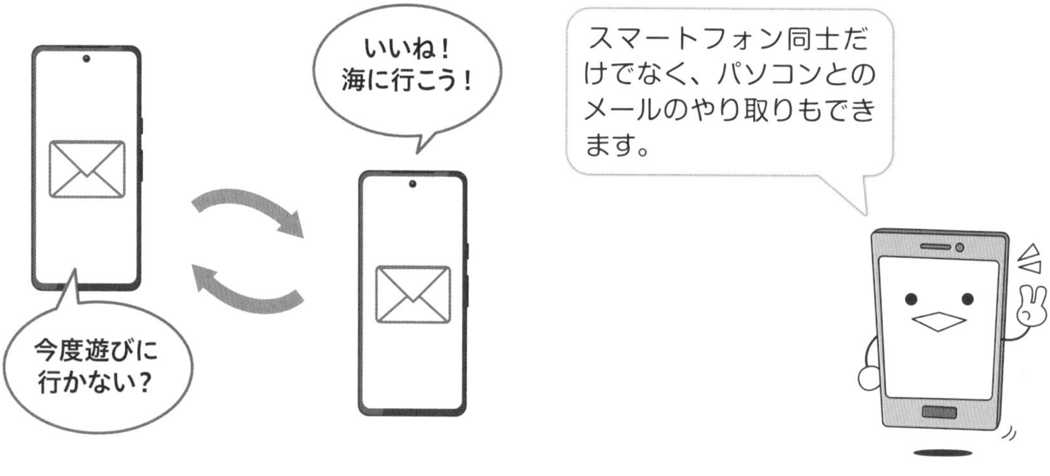

いいね！
海に行こう！
今度遊びに
行かない？
スマートフォン同士だけでなく、パソコンとのメールのやり取りもできます。

写真や動画を撮ることができます！（6章）

スマートフォンで撮影した写真や動画は、友だちや家族に送って楽しむこともできます。

調べものをすることができます！（7章）

Chromeアプリを使ってインターネットを楽しむことができます。

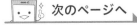

次のページへ

アラームや地図などを使うことができます！（8章）

カレンダー

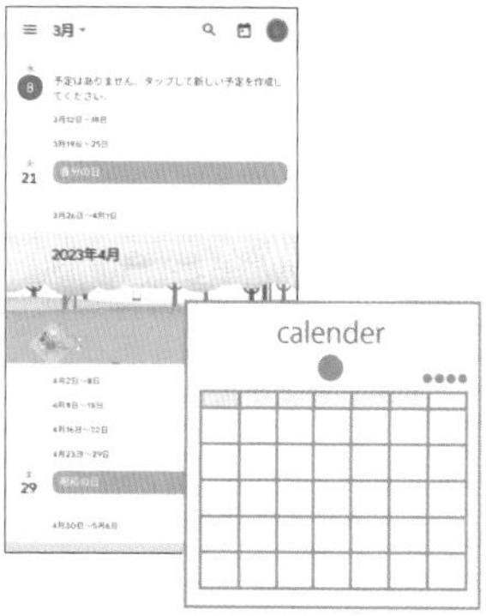

アラーム

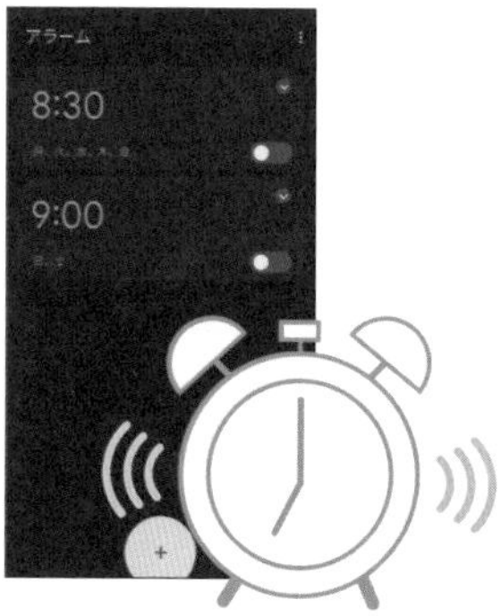

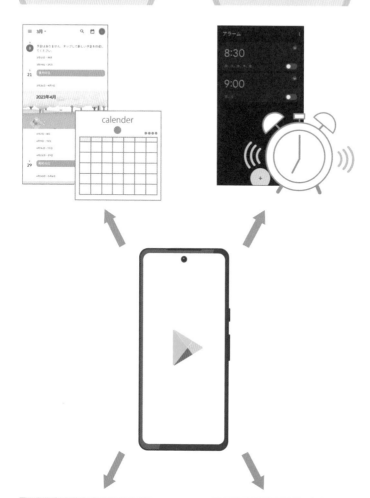

スケジュールやアラームを登録しておけば、予定をお知らせしてくれるので、忘れずにすみます。

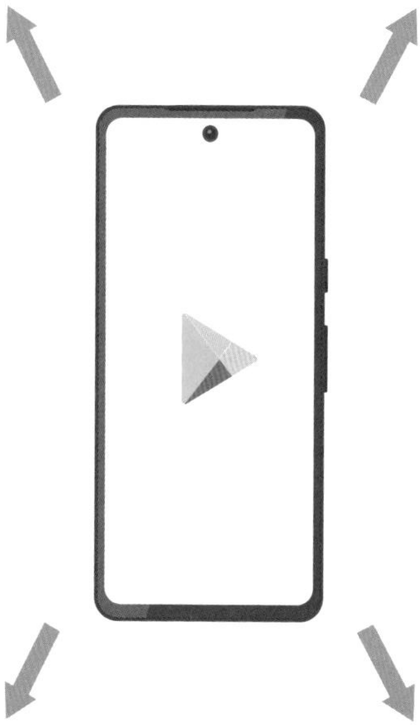

地図

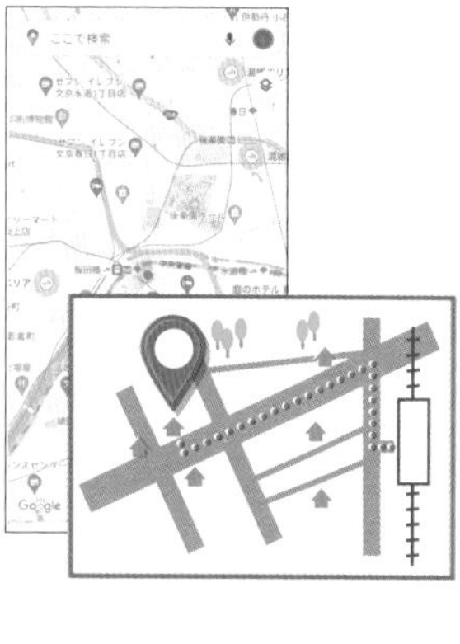

電車乗り換え

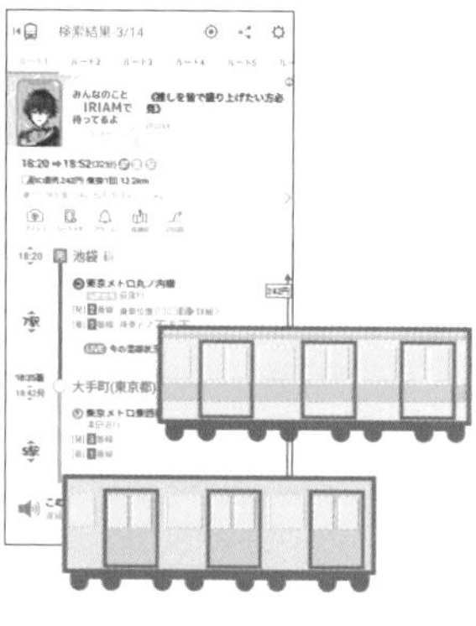

地図や電車乗り換えアプリを使えば、遠出をした際にも道に迷う心配がありません。

LINEを使うことができます！（9章）

友だちや家族とトークを楽しむことができます。LINE独自のスタンプも送ることができます。

ヒント アプリはあとから追加できる

Androidスマートフォンには最初から標準でいくつかアプリが入っていますが、あとからアプリを追加することもできます。アプリによって、さまざまな便利なサービスを利用できるのです。

アプリを追加する場合は、Playストアから行います。詳しくはP.204を参照してください。

終わり

レッスン

02 スマートフォンの機種を知ろう

スマートフォンは、さまざまなメーカーが多くの機種を販売しています。その特徴などを知っておきましょう。

主なメーカーとその機種について

Android OSを搭載したスマートフォンは、多くのメーカーが多数の機種を販売しています。操作にも使う液晶画面の大きさの違いや、電源ボタンや音量ボタンの位置の違い、カメラのレンズの数や指紋認証に使うセンサーが用意されているかなど、機種によってさまざまな違いがあります。

Google Pixel シリーズ

Google Pixel 7

Androidの提供元であるグーグルが開発しているのがGoogle Pixelです。最新のAndroid OSを他メーカーよりも早く搭載するので、AI技術などグーグルの最先端技術を使った機能をいち早く体験できます。
高性能な機種は高価ですが、先端技術を搭載しながらも価格を抑えた機種も用意しています。

ヒント SIMカードについて

SIMカードはスマートフォンにセットされている小さなカードです。SIMカードにはそれぞれ個別の電話番号が登録されています。これを入れることで、スマートフォンで電話ができたり、インターネットに接続できます。最近は端末の内部にSIM機能を組み込んだeSIMの機種もあります。電話番号などの情報は通信経由で書き込むので、手続きについては各キャリアショップの店頭やホームページを参考に行ってください。

Xperia シリーズ

Xperia 10 IV

ソニーが開発するスマートフォンで、とくにカメラやビデオ、オーディオの機能が充実しており、美しい写真や動画を楽しむことができます。Xperiaには、低価格帯のXperia Aceなどもあります。

Galaxy シリーズ

Galaxy A53 5G

サムスンが開発するスマートフォンで、デザインの良さで男性女性問わず人気があります。高性能なGalaxy Sシリーズと低価格帯のGalaxy Aシリーズ、折りたたみができるGalaxy Zシリーズがあります。

AQUOS シリーズ

AQUOS sense5G

シャープが開発するスマートフォンです。液晶画面の美しさと、使いやすいように自分好みにカスタマイズしやすいことが特徴です。高性能なAQUOS Rのほかに、低価格帯のAQUOS sense、AQUOS wishなどがあります。

ヒント
キャリアでの販売と家電量販店での販売について

ここで紹介した主なメーカーの製品はドコモ、au、ソフトバンク、楽天モバイルのキャリアで販売されています。また、家電量販店では各キャリアの販売窓口のほかに、どのキャリアでも利用できるSIMフリー版の機種も販売しています。機種によって機能や価格に大きな違いがあり、利用するには回線契約を行う必要がありますので、購入時には自分の用途にあったものか、店頭でよく確認するようにしてください。

終わり

レッスン 03

スマートフォンの各部名称を知ろう

スマートフォンには、電源ボタンや音量ボタン、カメラ、マイクなどが搭載されています。各部名称を確認していきましょう。

スマートフォンの主な構成パーツ

前面

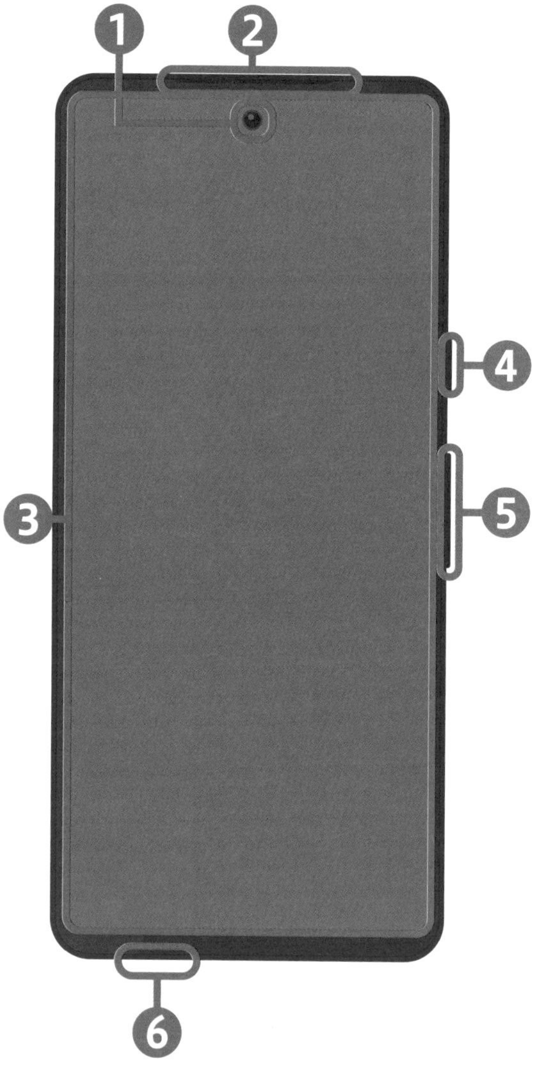

❶フロントカメラ

自撮りやビデオ通話をするときなどに使います。

❷上部スピーカー

通話相手の声が聞こえます。

❸ディスプレイ

タッチ操作が行える画面です。

❹電源ボタン

電源のオン／オフやスリープモードを解除できます。

❺音量ボタン

音量を調節できます。「+」ボタンと「-」ボタンになっています。

❻下部マイク

通話や音声入力をするときに使います。

背面

❶リアカメラ

写真や動画を撮るときに使います。付近にはフラッシュライトもあります。

❷外部接続端子

充電やパソコンと接続するときにケーブルをつなぎます。最近はUSB Type-Cが主流です。

❸SIMカードトレイ

SIMカードをセットするトレイです。端末の下部にある場合もあり、機種によってはmicro SDカードをセットできます。

ヒント 機種によってボタンの位置が異なる

機種によって、電源ボタンや音量ボタンなどの位置が異なります。たとえば、音量ボタンが上、電源ボタンが下になっていたり、指紋センサーがある機種では、AQUOSは独立、Xperiaは電源ボタンに内蔵されていたりします。
また、3.5mmイヤホンジャックは用意されている機種とない機種があります。購入時に端末付属のスタートガイドで確認しておくとよいでしょう。

ボタン・音量ボタンの位置の例

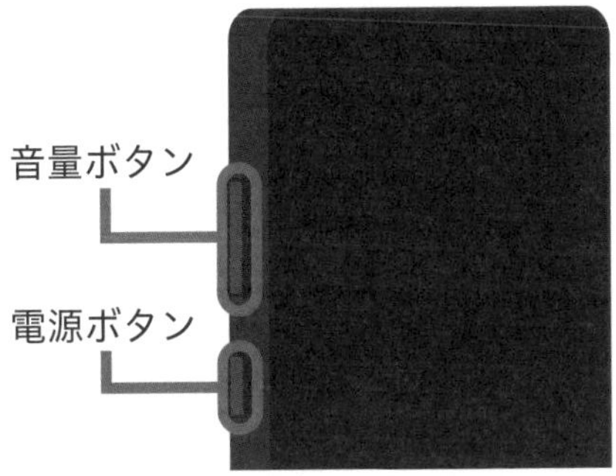

終わり

レッスン 04

スマートフォンに必要なものを確認しよう

スマートフォンを使うためには、必要な機器があります。
あると便利な機器と一緒に確認しましょう。

スマートフォンに必要な機器

スマートフォンは、ほかの機器とつなぐケーブルや、充電に必要な電源アダプタなど、使う上で必要な機器があります。なお、ここで紹介している機器は別売りで販売している場合もあります。スマートフォンを購入する際に付属しているかどうか、確認するようにしましょう。

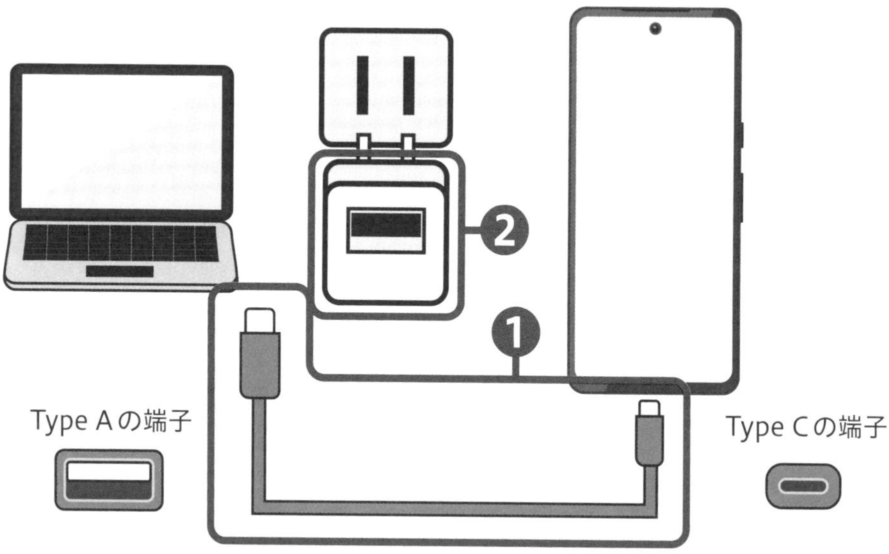

❶USBケーブル

スマートフォンのUSB Type-Cポートと電源アダプタやパソコンを接続し、充電やデータ転送に使います。電源アダプタやパソコン側のUSBポートは、Type-CやType-Aがあるので確認しましょう。

❷電源アダプタ

コンセントに差し込んでスマートフォンの充電に使います。

あると便利な機器

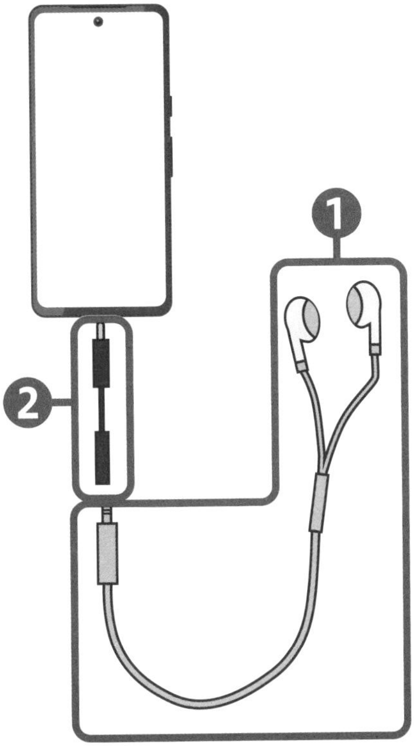

❶イヤホン

3.5㎜イヤホンジャックに接続することで、イヤホンで音を聞けます。最近のスマートフォンではイヤホンジャックがない機種もあり、その場合はUSB Type-Cポートに接続できるイヤホンや変換コネクタが必要になります。また、無線のBluetoothで接続する、ケーブルとコネクタがないイヤホンもあります（P.116参照）。

❷テレビ・ラジオアンテナコネクタ

テレビやラジオが受信できる端末では、USB Type-Cやイヤホンジャックにアンテナコネクタを差し込むと、ワンセグ・フルセグテレビやFMラジオが受信できるようになります。

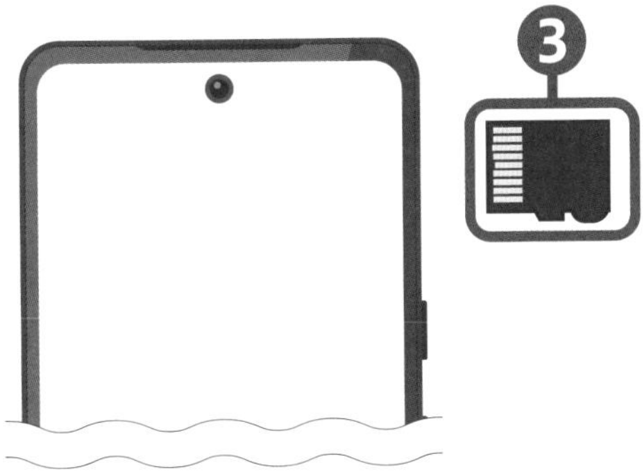

❸micro SDカード

スマートフォンにセットすると、micro SDカードにデータを保存したり、パソコンにデータを移したりできます。カードを利用できない端末もあります。

アドバイス

このほかにも、画面を保護するシートや端末のケースなどもあります。機種によって画面の大きさや本体の大きさが異なりますので、購入時によく確認しましょう。わからない場合はお店のスタッフに聞くとよいでしょう。

終わり

レッスン 05

スマートフォンを充電しよう

スマートフォンは充電をしないと使うことができません。
電池が減ってきたら、充電をする習慣を付けましょう。

▶スマートフォンを充電します

スマートフォンを充電するには、USB Type-CポートにUSBケーブルを差し込み、電源アダプタをつないでコンセントに差し込みます（機器についてはP.26参照）。充電中はステータスバー（P.40参照）の（電池のマーク）が（充電中のマーク）に切り替わります。100%になったら充電が完了です。

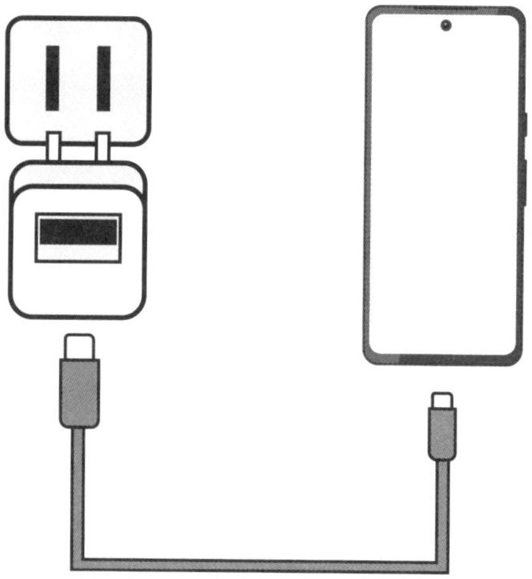

USB Type-Cポート

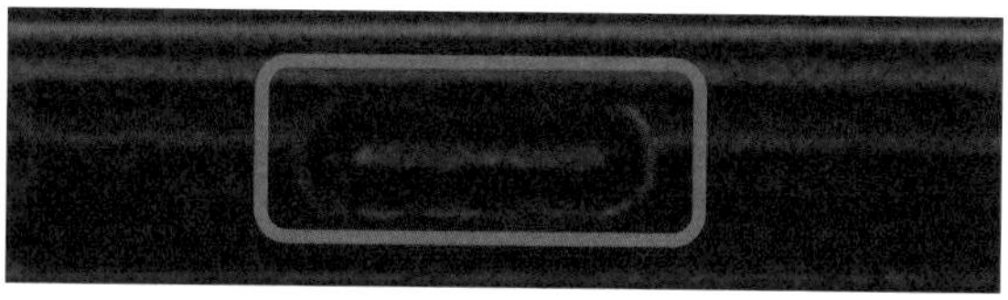

スマートフォンを充電しているときは、ステータスバーの電池のマークが変わります。

ヒント ワイヤレス充電

Qi規格に対応しているスマートフォンならば、ワイヤレス充電をすることもできます。ワイヤレス充電とは、USBケーブルで電源につながなくても、専用の充電パッドに乗せるだけで充電ができる機能のことです。

終わり

2章

基本的な操作をしてみよう

レッスンをはじめる前に

画面に触れて操作します

スマートフォンはタッチ型のディスプレイを搭載しており、画面に指で触れて操作をします。指で軽く叩いたり、払うように動かしたり、しばらく押し続けたりなど、さまざまな操作でスマートフォンを使いこなしましょう。

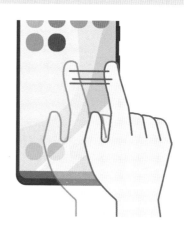

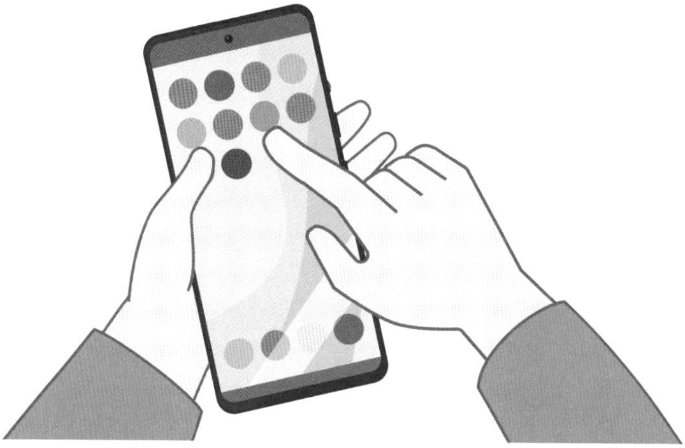

指で軽く叩く（タップなど）

指で払う（スワイプなど）

画面のキーボードで文字を入力します

スマートフォンで文字を入力するときは、画面に表示されるキーボードを指で操作して文字を入力します。文字は通常の日本語のかな入力のほかにも、英字や数字、記号も入力することができます。キーボードにはさまざまな種類がありますが、本書ではグーグルが提供しているAndroid標準のGboardを使って解説をします。

レッスン 06

タッチ操作を覚えよう

スマートフォンはディスプレイを指で触って操作をします。
その操作方法について確認しましょう。

タップ（ダブルタップ）

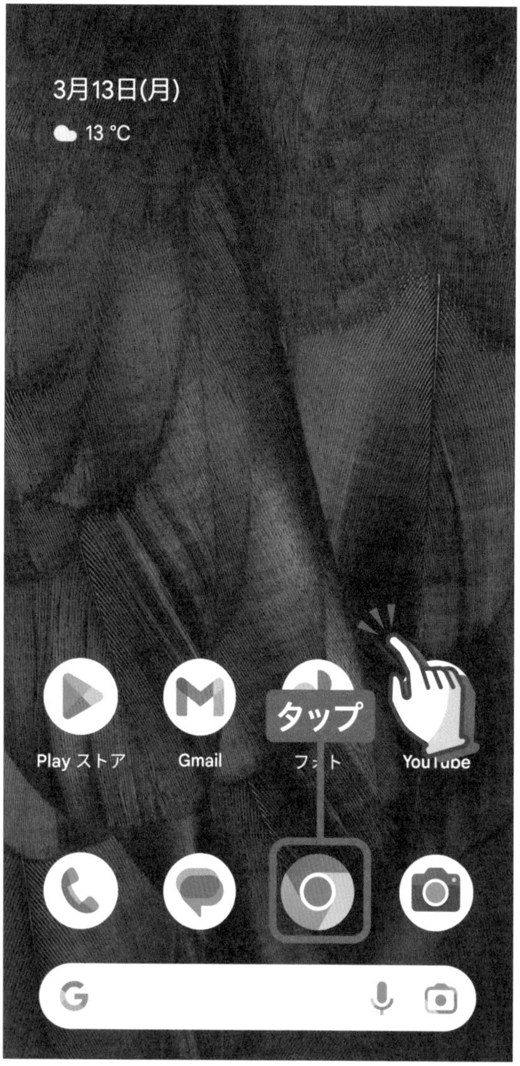

ディスプレイを指で軽く「トン」と叩く操作です。アプリのアイコンをタップして起動したり、Webサイトのリンクをタップしたりして表示を切り替えます。ボタンを押したり、メニューを選択したりするときにも使う基本操作です。項目を決定するときなどに使います。

ディスプレイを2回軽く「トントン」と叩く操作をダブルタップといいます。

ロングタッチ

ディスプレイを指で押し続ける操作です。アイコンの移動やメニューを表示するとき、テキストを選択するときなどに使います。

ドラッグ

アイコンやバーに指で触れたまま、特定の位置まで動かして指を離す操作です。アイコンやバーの移動などに使います。なお、離す動作をドロップと呼び、触れたまま移動するのをドラッグとして、一連の操作をドラッグ＆ドロップとも呼びます。

次のページへ

スワイプ

ディスプレイを上下左右に指で軽く払う操作です。画面を切り替えるときなどに使います。

フリック

ディスプレイに指で触れて、画面から離さずに指をずらす操作です。キーボードで文字を入力（P.74参照）するときなどに使います。

ピンチイン

開いた2本の指を閉じる操作です。写真や地図、Webページを縮小表示（表示範囲の拡大）するときなどに使います。

ピンチアウト

閉じた2本の指を開く操作です。写真や地図、Webページを拡大表示（表示範囲の縮小）するときなどに使います。

終わり

レッスン 07

電源のオン／オフをしよう

スマートフォンを使うにはまず電源をオンにしなくてはいけません。
ここではスリープモードもあわせて紹介します。

ここでの操作 ⇒ タップ →P.032　スワイプ →P.034

1 電源をオンにします

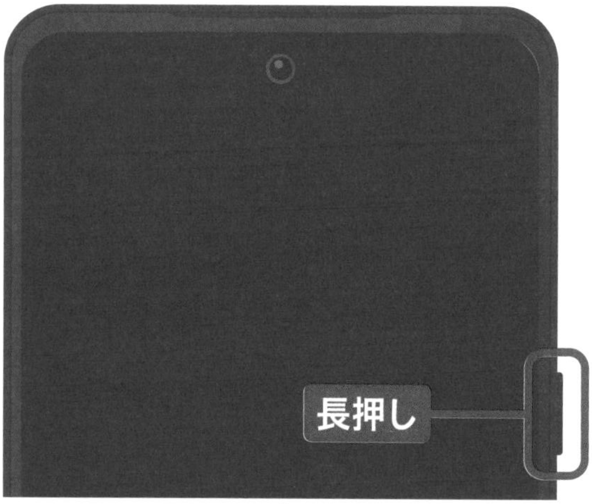

端末の電源ボタンを
長押しします。

電源が入り、
ロック画面が表示されます。

② ロック画面のロックを解除します

ディスプレイを上方向にスワイプして、ロックを解除します。

アドバイス

パスワードや指紋認証を設定していると、認証の解除を求める画面になります（P.104、114参照）。

③ スリープモードにします

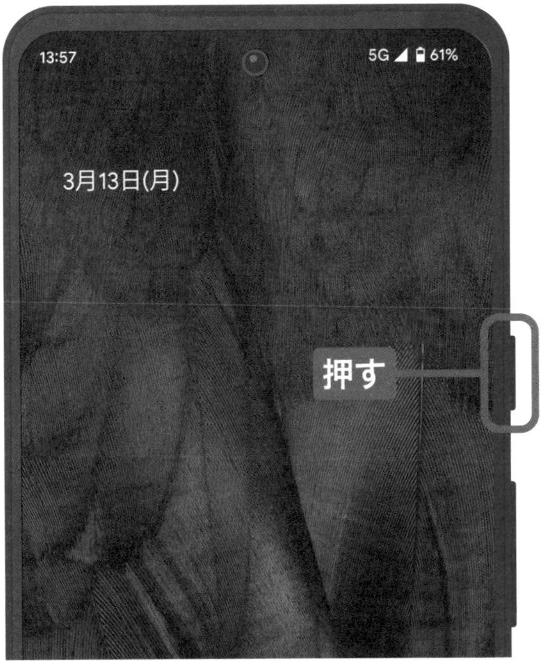

ロックが解除されて、ホーム画面が表示されます。

電源が入っている状態で、端末の電源ボタンを押します。

アドバイス

スリープモードとは、画面を消して消費電力を極力少なくする機能のことです。電源をオフにしたわけではなく、電話がかかってきたり、メールやメッセージを受信したりできる状態です。

次のページへ

4 スリープモードを解除します

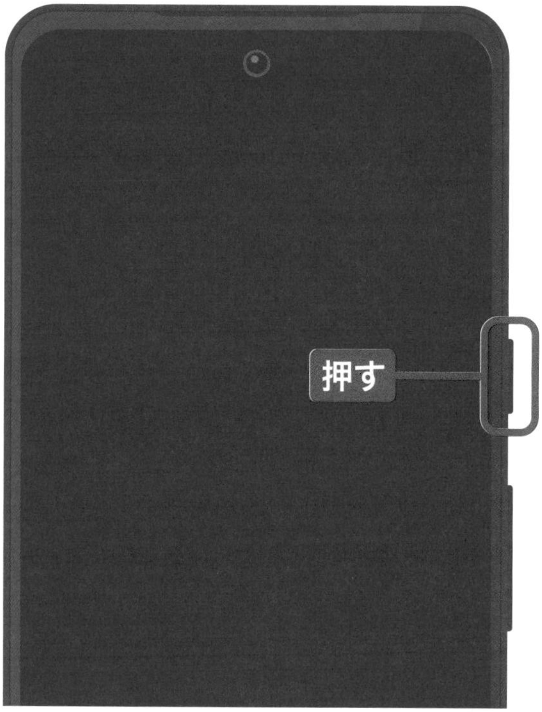

画面が消えて、
スリープモードになります。

スリープモードの状態で、
端末の電源ボタンを
押します。

アドバイス

一定時間（30秒や60秒）操作をしなかった場合にも、自動的にスリープモードに切り替わります。

ロック画面が表示されます。

ディスプレイを上方向に
スワイプして、
ホーム画面を表示します。

アドバイス

パスワードや指紋認証を設定していると、認証の解除を求める画面になります（P.104、114参照）。

5 電源をオフにします

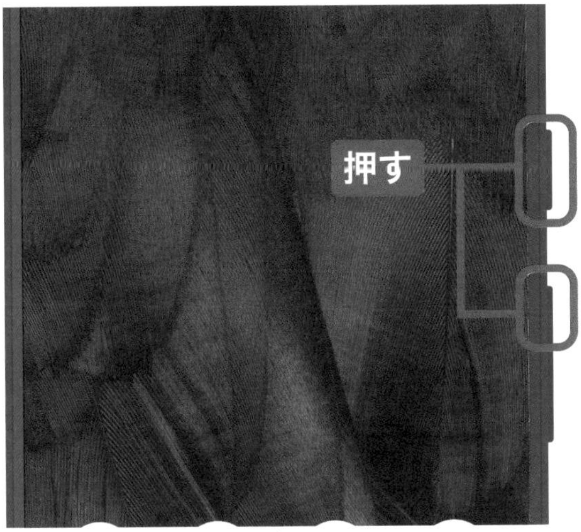

電源が入っている状態で、端末の電源ボタンと音量ボタンの上を押します。

アドバイス

端末の電源ボタンを長押しする機種もあります。

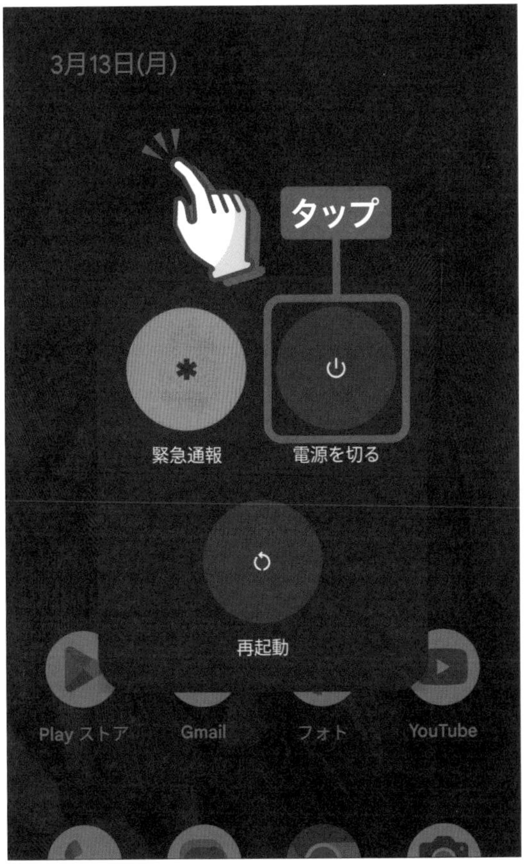

を タップすると、電源がオフになります。

アドバイス

機種によって表示されるメニューの内容は異なりますが、「電源を切る」項目をタップしましょう。

アドバイス

通常、スマートフォンを使用しないときは電源をオフにせずにスリープモードにします。

終わり

レッスン 08

ホーム画面を確認しよう

スマートフォンを起動すると、まず最初にホーム画面が表示されます。ここからさまざまなアプリを起動しましょう。

ここでの操作 ⇒ タップ →P.032　ロングタッチ →P.033　ドラッグ →P.033　スワイプ →P.034

ホーム画面の構成要素

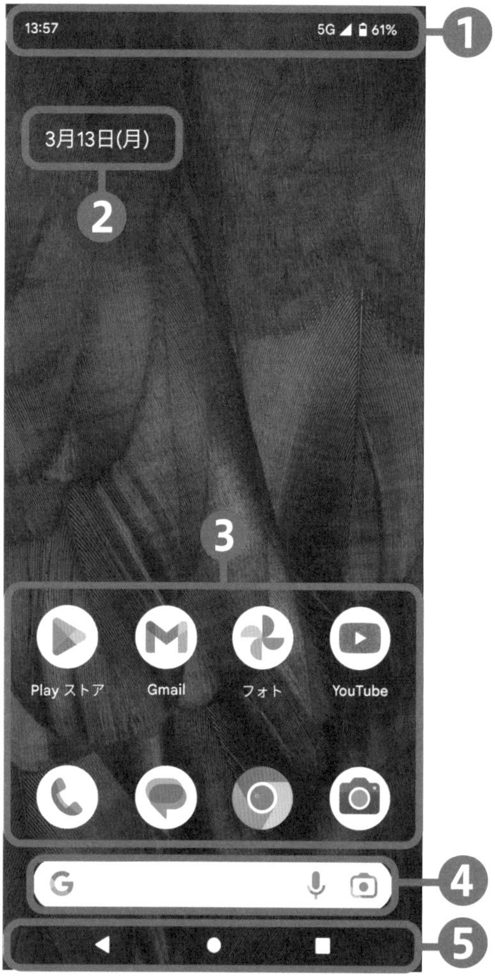

❶ステータスバー

通知アイコンやステータスアイコンが表示されます。

❷ウィジェット

日付など、アプリが取得した情報が簡単に表示されます。

❸アプリアイコン

タップするとアプリが起動します。

❹Google検索バー

タップして文字を入力すると、インターネットや端末内を検索できます。

❺ナビゲーションバー

ホームキーなどのキー（ボタン）が表示されます。

ホーム画面を切り替えます

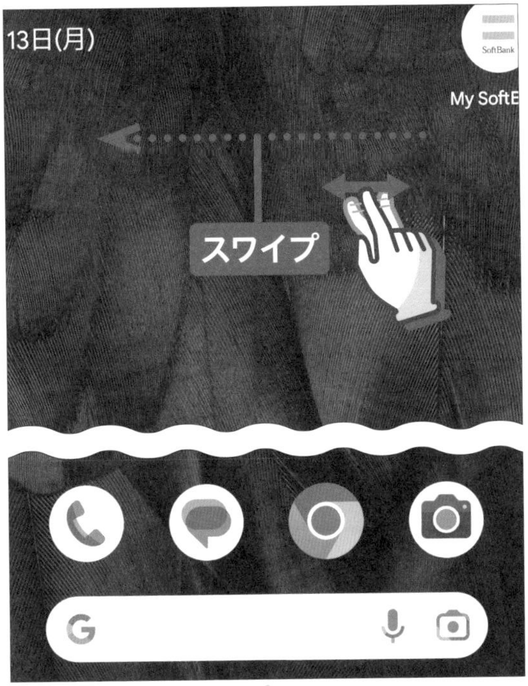

ホーム画面には複数の画面がある場合があります。
ホーム画面を表示したら切り替えてみましょう。

画面を左方向に
スワイプします。

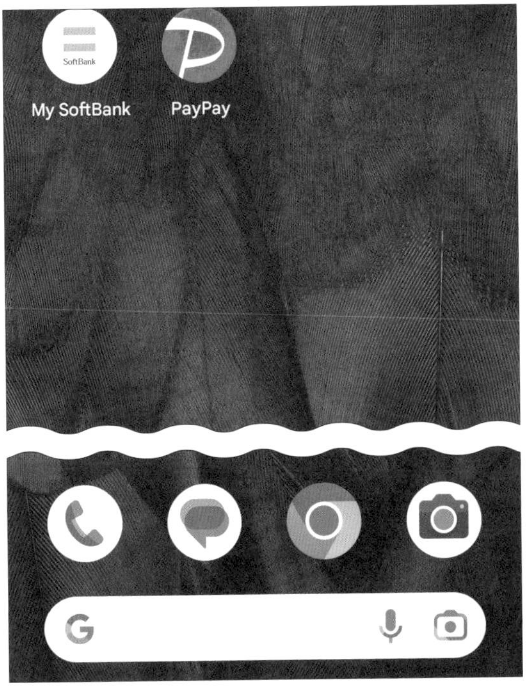

ホーム画面が切り替わり、
1つ右の画面に移動します。

アドバイス

反対方向にスワイプすると、画面が戻ります。ホーム画面の数については、P.43を参照してください。

次のページへ

機種やキャリアによってホーム画面は異なります

機種や販売しているキャリアによってホーム画面のデザインは異なりますが、どの機種でも基本操作は同じです。ここでは、代表的な例を4つ紹介します。

Xperia

Xperia 10 IV

Xperiaのホーム画面は、操作はGoogle Pixelと同じです。右方向にスワイプすると、Googleアプリ画面が表示されます。登録しているGoogleアカウント（P.82参照）にもとづいて、ニュースや天気予報などが表示されます。

Galaxy

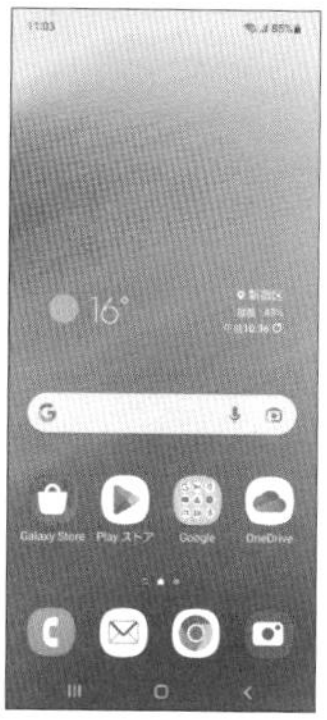

Galaxy A53 5G

Galaxyのホーム画面は、ほかの機種と違ってアプリアイコンの形が膨らみのある角丸四角形です。

AQUOS

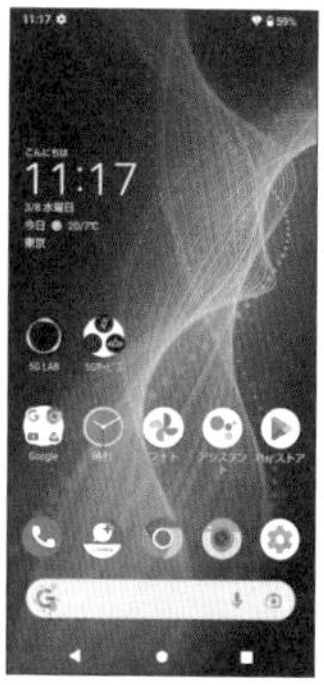

AQUOS sense5G

AQUOSのホーム画面は、基本的にはGoogle Pixelと同じ操作が行えます。一部のアプリは初期状態でフォルダーに分けて用意されています。フォルダーについては、P.212を参照してください。

ドコモから販売している機種

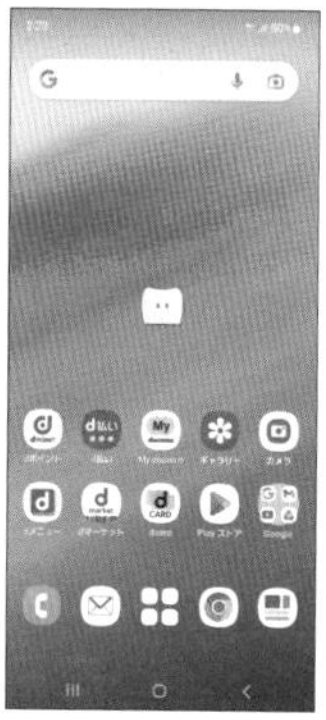

Galaxy A53 5G

ドコモの機種のホーム画面は、をタップするとアプリの検索や壁紙の変更ができ、をタップするとドコモのマイマガジンが開きます。

ヒント ホーム画面にアプリアイコンを追加する

ホーム画面は、初期状態でいくつかのアプリアイコンが配置されていますが、自分で好きなアプリのアイコンを配置することができます。アプリ一覧画面(P.49参照)で、ホーム画面に配置したいアプリアイコンを画面の端にドラッグすると、ホーム画面のカスタマイズ画面が表示されるので、好きな位置で指を離して(ドロップ)配置しましょう。機種によっては、アプリ一覧画面のアイコンをロングタッチすると、「ホームに追加」メニューが表示されるので、選択してホーム画面に配置できます。
また、アプリアイコンをドラッグしたときに、ホーム画面のカスタマイズ画面の右端までドラッグすると、次のホーム画面に配置することができます。つまりホーム画面が増えます。
よく使うアプリアイコンをすぐに起動できるようにホーム画面に配置しておくとよいでしょう。

アプリ一覧画面で、ホーム画面に追加するアプリのアイコンを画面の左右や上の端に向かってドラッグします。

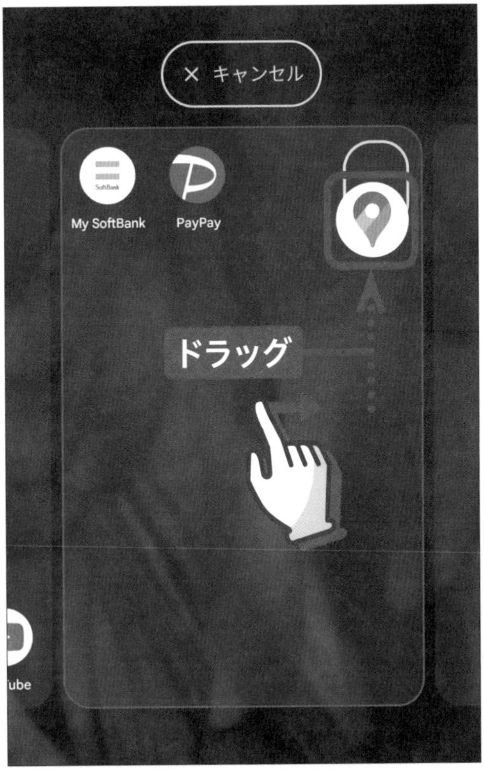

ホーム画面のカスタマイズ画面になるので、配置する場所で離します(ドロップ)。

終わり

レッスン 09

基本操作を3ボタンナビゲーションにしよう

スマートフォン操作の基本となるナビゲーションバーを、わかりやすい3つのキー（ボタン）で行う3ボタンナビゲーションに設定しましょう。

ここでの操作 ⇒ タップ →P.032 ドラッグ →P.033 スワイプ →P.034

▶3ボタンナビゲーションのキー（ボタン）

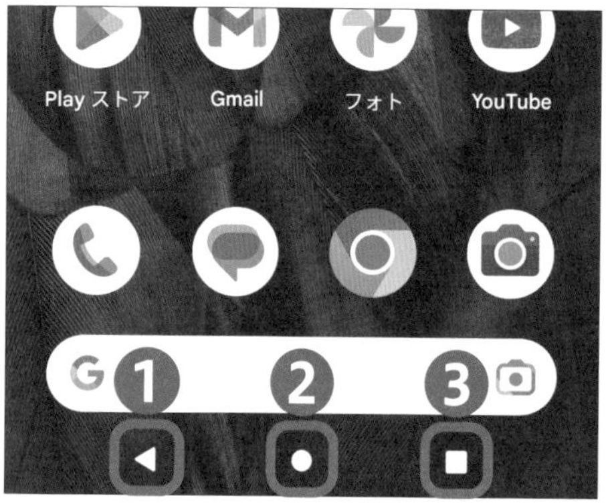

❶戻るキー

タップすると直前まで表示していた画面に戻ります。

❷ホームキー

タップするとホーム画面に戻ります。

❸履歴キー

タップすると、起動しているアプリのサムネイルが一覧で表示されます。サムネイルをタップすると、タップしたアプリの画面に切り替わります。

アドバイス

機種によってキーのアイコンの形や位置が異なる場合がありますが、機能は同じです。

ヒント ナビゲーションバーの初期設定

機種によっては、ナビゲーションバーの初期設定が3つのキー（ボタン）操作ではなく、ジェスチャーナビゲーションの場合があります（ジェスチャーナビゲーションの操作方法はP.47参照）。しかし、本書では操作がしやすく、わかりやすい3ボタンのナビゲーションバーで解説をするので、次のページからは、3ボタンナビゲーションに切り替える方法を紹介します。

1 設定アプリを開きます

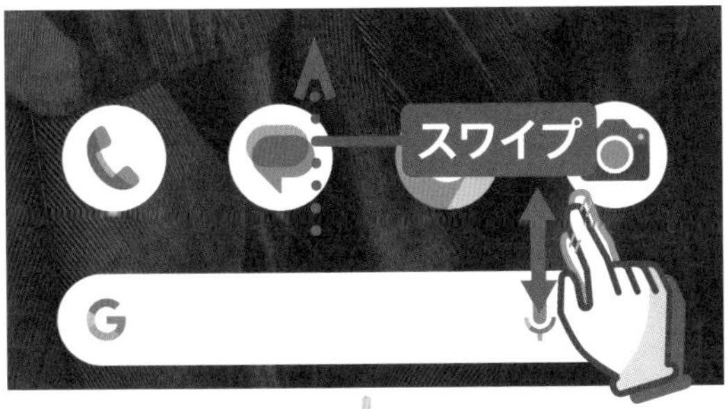

ホーム画面を表示します。

画面を上方向に
スワイプします。

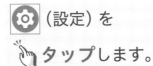

アプリ一覧画面が表示されます。

（設定）を
タップします。

2 設定アプリのシステム設定を開きます

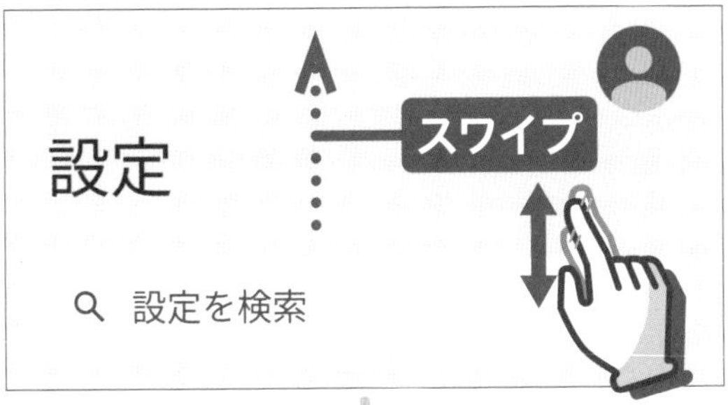

設定アプリの画面が開きます。

画面を上方向に
スワイプします。

システムを
タップします。

次のページへ

3 システムナビゲーションの設定を開きます

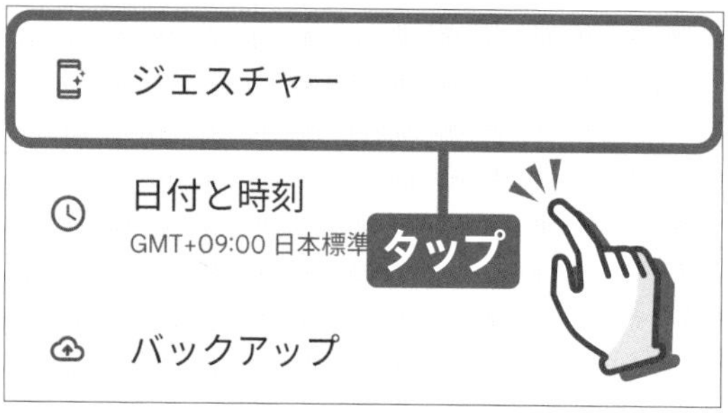

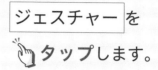

ジェスチャー を
タップします。

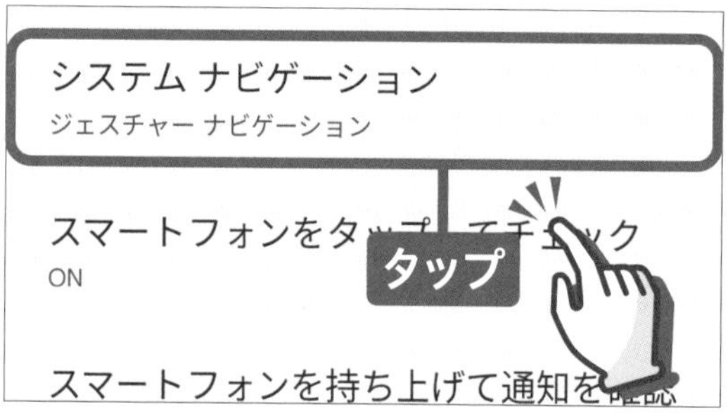

システム ナビゲーション を
タップします。

4 3ボタンナビゲーションに切り替えます

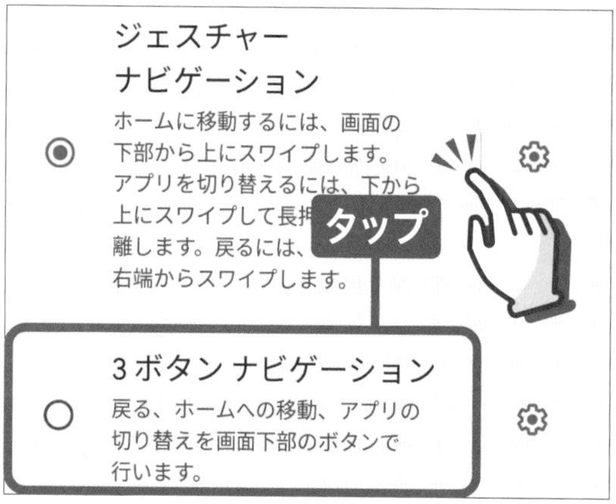

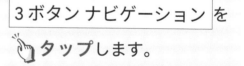

3ボタン ナビゲーション を
タップします。

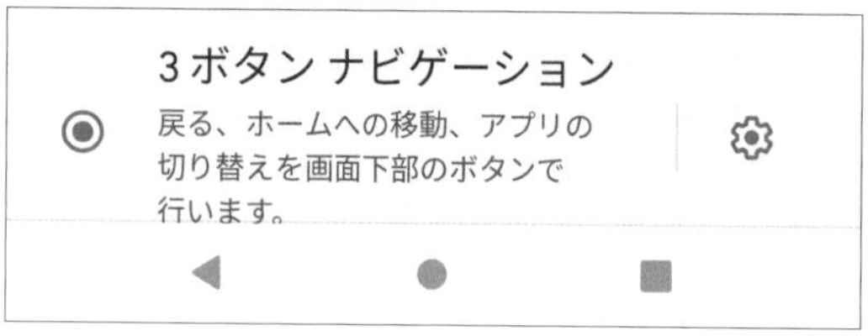

ナビゲーションバーが3ボタンに切り替わります。

ヒント ジェスチャーナビゲーションの操作方法

ジェスチャーナビゲーションでは、ナビゲーションバーに3つのキーではなく、1本の横棒が表示されます。この横棒をスワイプしたり、ドラッグして基本操作を行います。
アプリを開いているときに、閉じてホーム画面に戻るには、ナビゲーションバーの横棒を上方向にスワイプします。横棒を上方向にドラッグして画面中央あたりで止めると、起動しているアプリのサムネイルが一覧表示されます。サムネイルをタップするとそのアプリの画面に切り替わります。また、直前の画面に戻るには、画面を右方向へスワイプします（アプリの画面に「戻る」アイコンがあれば、それをタップしても同じです）。
ジェスチャーナビゲーションは、直感的な操作なので慣れるとすばやい操作ができますが、うまく操作ができないことがあるので、本書では確実な操作ができる3ボタンナビゲーションで解説しています。

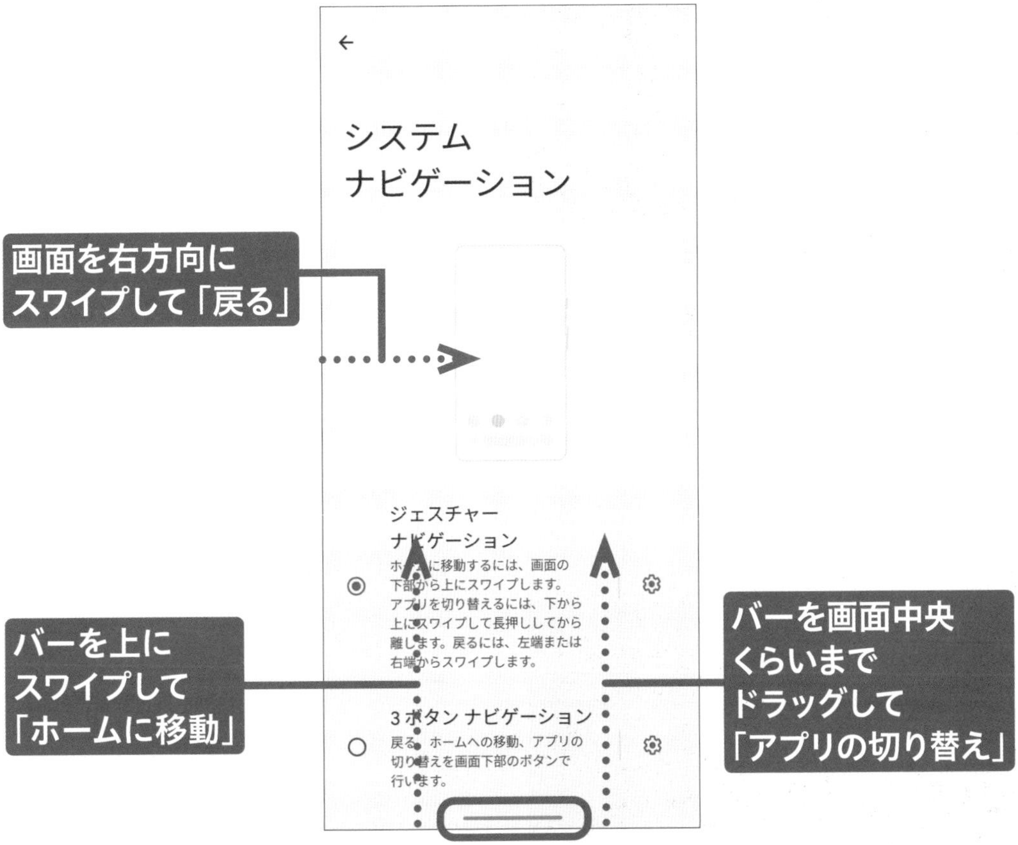

終わり

レッスン 10 アプリを起動／終了しよう

スマートフォンはさまざまなアプリでいろいろなことが行えます。
まずはアプリの起動と終了の仕方について学びましょう。

ここでの操作 ⇒ タップ →P.032 ドラッグ →P.033 スワイプ →P.034

1 ホーム画面からアプリを起動します

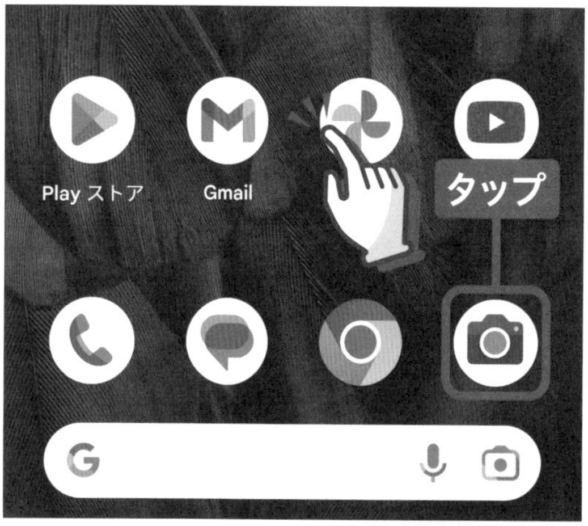

ホーム画面を表示します。

起動したいアプリアイコン（ここでは（カメラ））をタップします。

カメラアプリが起動します。

ホームキーをタップします。

アドバイス

ジェスチャーナビゲーションの場合は、ナビゲーションバーを上方向にスワイプします。

2 ホーム画面に戻ります

カメラアプリが閉じて、
ホーム画面が表示されます。

ホーム画面に戻っただけで、アプリを終了したわけではないので注意しましょう。終了はP.51を参照してください。

3 アプリ一覧画面を表示します

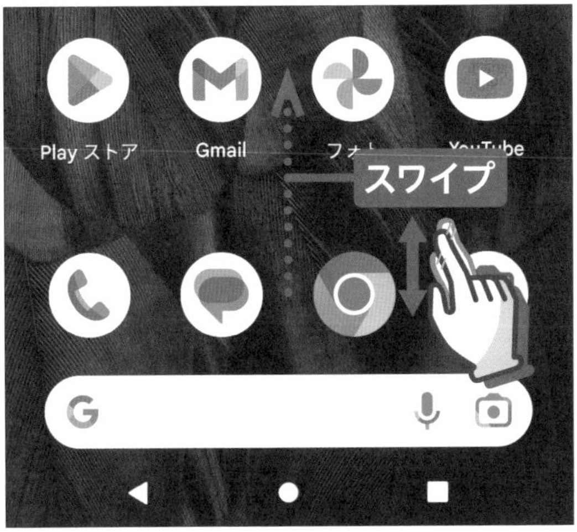

ホーム画面で上方向に
スワイプします。

アドバイス

ドコモのホーム画面（P.42参照）では、ホーム画面に戻ってからアプリフォルダーをタップします。

次のページへ

4 アプリ一覧画面からアプリを起動します

アプリ一覧画面が表示されます。

起動したいアプリアイコン（ここでは［電卓アイコン］（電卓））をタップします。

電卓アプリが起動します。

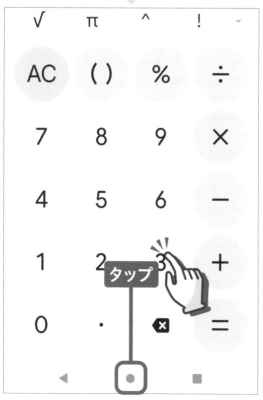

ホームキーをタップして、電卓アプリを閉じます。

5 アプリを終了します

履歴キーを
タップします。

アドバイス

ジェスチャーナビゲーションでは、ナビゲーションバーを上方向にドラッグし、中央で指を止めます。

起動したアプリの
サムネイルが表示されます。

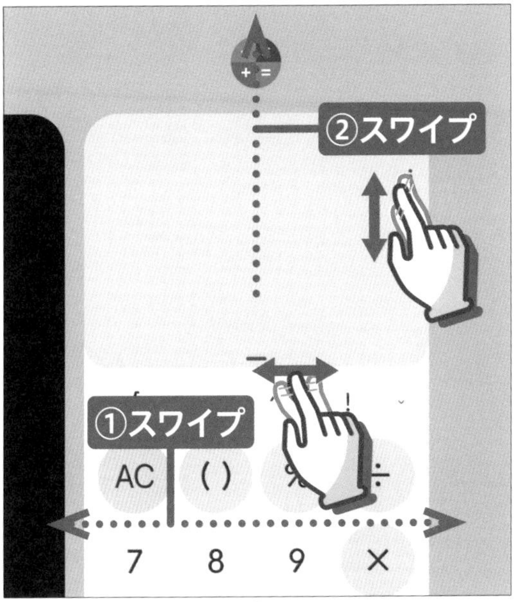

左右に スワイプして
終了するアプリのサムネイルを
中央にします。

サムネイルを上方向に
スワイプします。

アプリのサムネイルが消えて、
終了します。

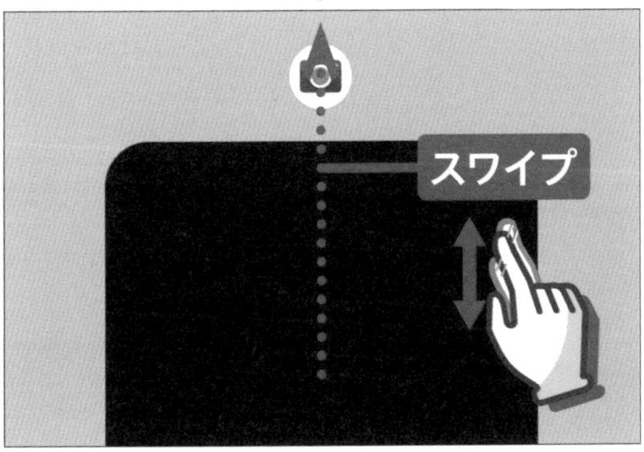

残りのアプリのサムネイルも
上方向に スワイプします。

すべてのアプリを終了すると、
ホーム画面に戻ります。

終わり

レッスン 11

通知を確認しよう

スマートフォンの画面では現在の状態を知らせるアイコンや、電話などの着信を知らせる通知が表示されます。

ここでの操作 → タップ →P.032 ドラッグ →P.033 スワイプ →P.034

▶通知の種類を確認します

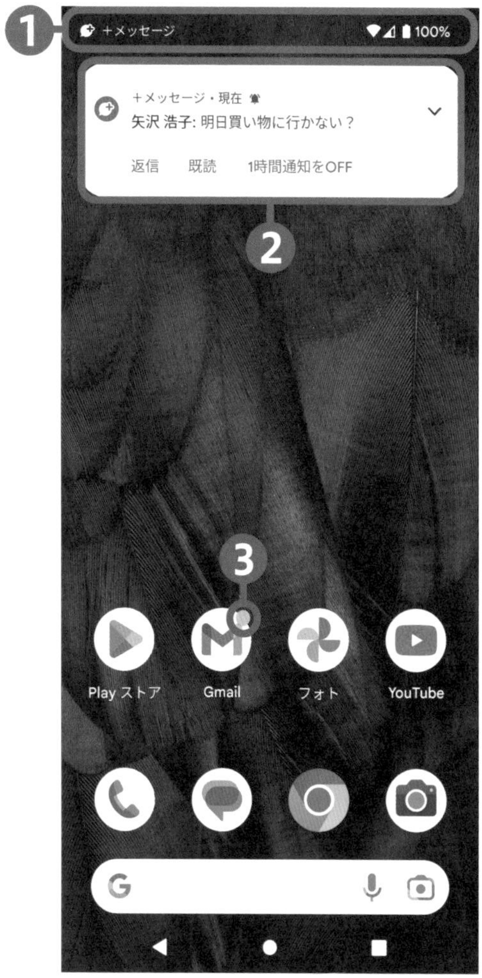

❶ステータス通知

ステータスバーに表示されるアイコンの通知です。

❷ポップアップ通知

通知が届くと、画面上に通知の内容が表示され、タップするとアプリが起動します。

❸アイコンドット

ホーム画面やアプリ一覧の画面で、通知があったアプリのアイコンにドットが付きます。

次のページからそれぞれの通知について解説します。

ステータス通知

画面上部のステータスバーに表示されている通知アイコンのことです。電池残量や電波の受信状況などを知らせる**ステータスアイコン**のほかにも、電話の不在着信やメールの着信などを知らせる**通知アイコン**が表示されます。

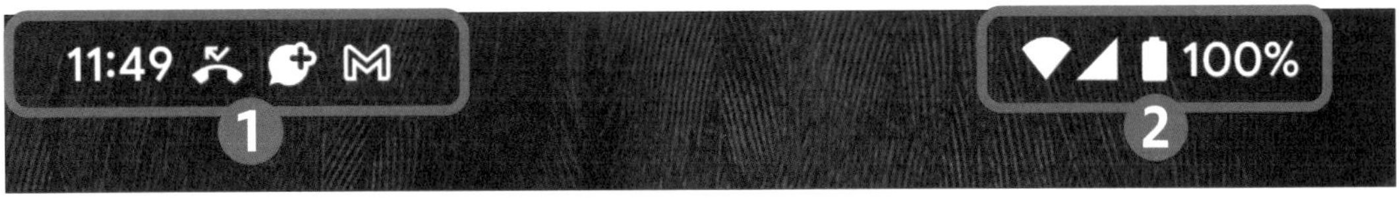

❶通知アイコン　❷ステータスアイコン

主な通知アイコン		主なステータスアイコン	
	不在着信		電池の残量
	新着SMS（+メッセージ）		データ通信状態
	新着Gメール		Wi-Fiネットワーク接続
	Playストアから アプリをインストール または更新中		機内モード有効
	新着LINE		サイレントモード有効

次のページへ

ポップアップ通知

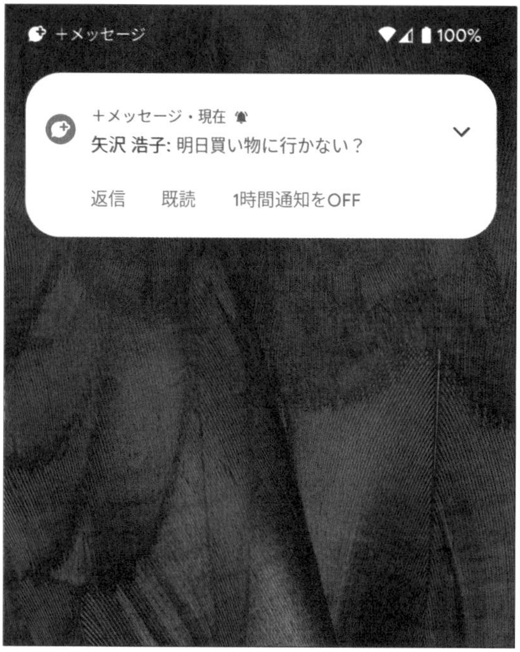

通知が届くと画面上でお知らせをしてくれる通知のことです。ポップアップ通知をタップすると、すぐにそのアプリを開くことができます。また、しばらくするとポップアップ通知は消えてしまいますが、通知パネル（次ページ参照）から再度確認できます。

アイコンドット

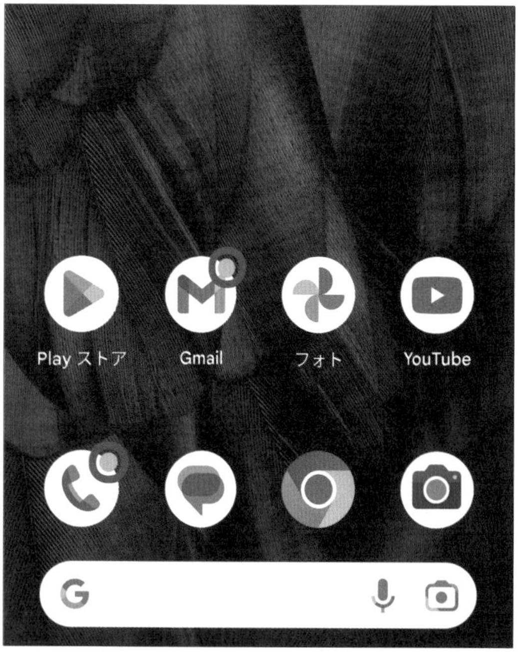

そのアプリに何かしらの通知があると、ホーム画面やアプリ一覧のアプリのアイコンにドットの形をしたバッジが付きます。通知を確認することで、このバッジは消えます。また、機種によっては通知のバッジに数字が書いてあるものがあります。この数字は通知の数を表しています。

ステータスバーから通知パネルを開きます

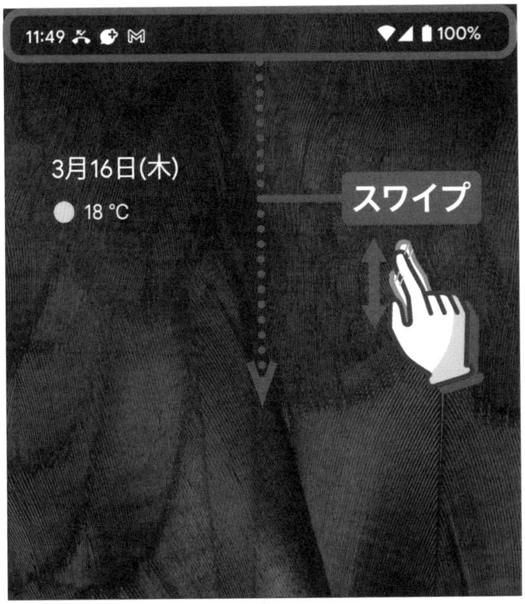

ステータスバーを下方向に
スワイプします。

ステータスパネルと
通知パネルが表示されます。

表示されている通知を
タップすると、
各アプリが起動します。

アドバイス

上のアイコンが並んでいるのがステータスパネルです。ステータスパネルを下方向にドラッグすると、設定項目が表示されます（P.57参照）。

次のページへ

ロック画面の通知

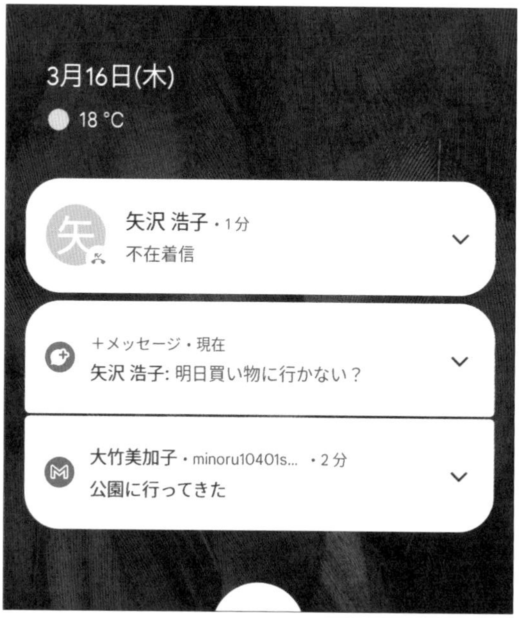

スリープモード中に通知があった場合、ロック画面にも通知が表示されます。ロック画面の通知をタップすると、通知のあったアプリが開きます。

アドバイス

パスコードロック（P.100参照）をかけている場合は、通知をタップしてからパスコードロックを解除する必要があります（機種によってはパスコードロックを解除してからアプリをタップします）。

ヒント　通知の方法を設定する

通知は、表示と非表示を切り替えたり、アプリごとに通知方法を設定したりすることができます。P.80を参考に設定アプリを起動して、「通知」→「アプリの通知」をタップします。表示されたアプリの通知画面から、各アプリの通知のオン／オフを設定できます。アプリごとに通知を設定したい場合は、アプリの通知画面で通知方法を設定したいアプリをタップして設定しましょう。

各アプリの通知のオン／オフはアプリの通知画面で設定します。

各アプリをタップして、通知項目の詳細設定ができます。

ヒント ステータスパネルの設定項目

P.55で開いたステータスパネルでは、アイコンをタップしたりドラッグしたりすることで、簡単に機能のオン／オフを設定できます。

❶画面の明るさ

画面の明るさを調整します。

❷インターネット

接続するネットワークを設定します。

❸ Bluetooth

Bluetoothのオン／オフを切り替えます。

❹サイレントモード

サイレントモードのオン／オフを切り替えます。

❺ライト

端末の裏面のライトが光ります。

❻自動回転

オンにすると、端末を横向きにしたときに画面が横向きになります。

❼バッテリーセーバー

オンにすると、電池の減り方を抑えることができます。

❽機内モード

オンにすると、機内モードになります。

❾デバイスコントロール

接続しているスマート家電などのコントロールができます。

終わり

レッスン 12

文字を入力しよう

スマートフォンで文字を入力するときは、画面に表示されるキーボードをタップして入力します。

ここでの操作

タップ

→P.032

キーボードの種類

かなキーボード

英字キーボード

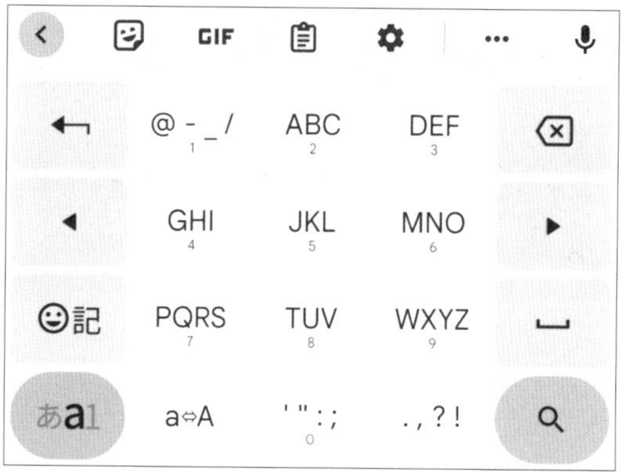

数字キーボード

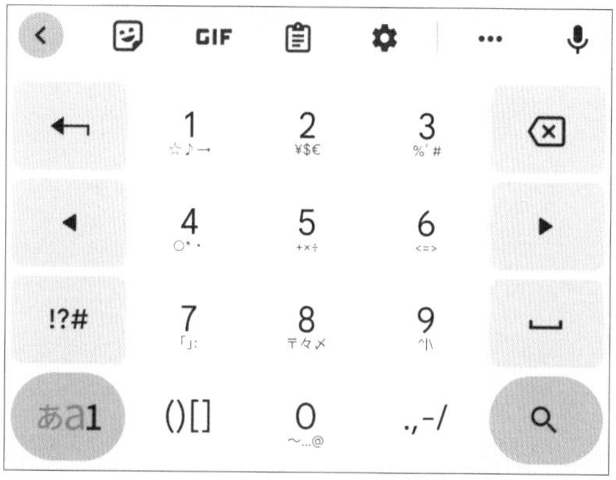

本書では、Android標準のGboardというキーボードの12キー表示で解説をしています。

① キーボードを表示します

トグル入力とは文字をタップで入力する方法のことです。ここでは
Google検索バーのテキストボックスに文字を入力してみましょう。

ホーム画面の
Google検索バーを
タップします。

② トグル入力で日本語を入力します

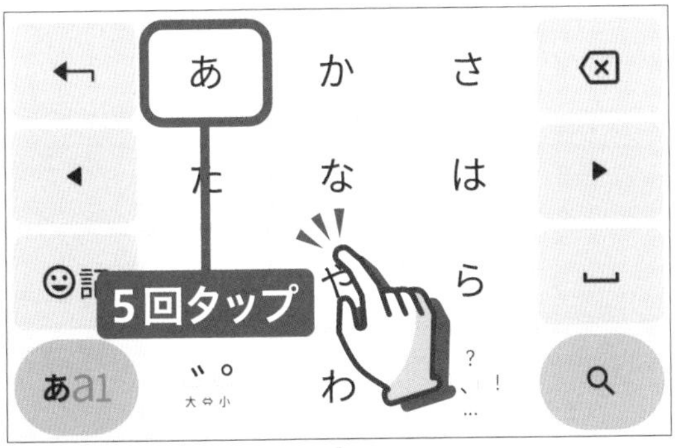

キーボードが表示されます。

あを5回タップします。

アドバイス

キーボードはテキストを入力をする場所をタップすると、自動的に表示されます。

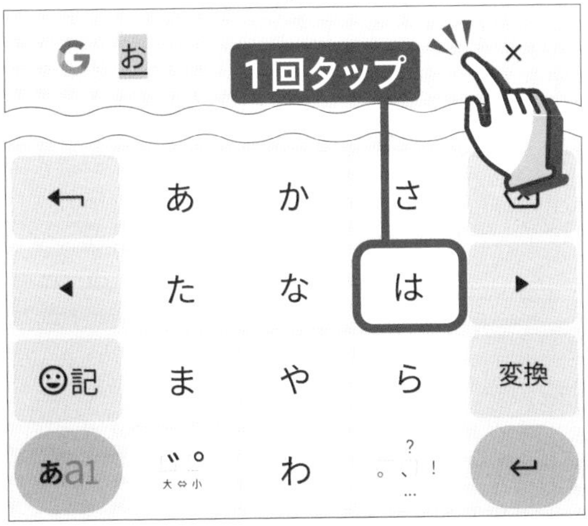

「お」と入力されました。

はを1回タップします。

アドバイス

文字を入力したあとに゛゜大⇔小をタップすると、直前に入力した文字を小文字にしたり、濁点や半濁点を付けることができます。

次のページへ

3 続けて文字を入力します

「は」と入力されました。

なを タップします。

4 文字を確定します

「な」と入力され、「おはな」と入力されたことを確認して、

↵を タップします。

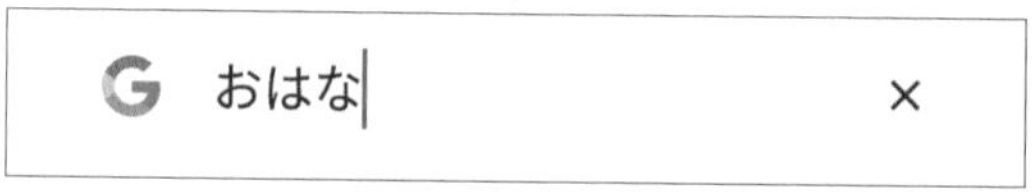

文字が確定します。

5 ひらがなを漢字に変換します

もう一度、「おはな」と
漢字にしたい文字を入力します。

変換候補の欄から、
変換したい漢字
（ここでは お花 ）を
タップします。

アドバイス

変換候補が並ぶので選択します。候補にない場合は、∨をタップすると多くの表示が出ます。候補にはカタカナもあります。

「おはな」が「お花」に
変換されました。

アドバイス

変換する文字を選択すると、そのまま入力が確定します。

終わり

レッスン 13

キーボードを切り替えよう

最初のキーボードはかな入力用のものです。
英字や数字を入力できるキーボードに切り替える方法を覚えましょう。

ここでの操作 → タップ →P.032

1 英字キーボードに切り替えます

P.59を参考に、
キーボードを表示します。

あa1 を タップします。

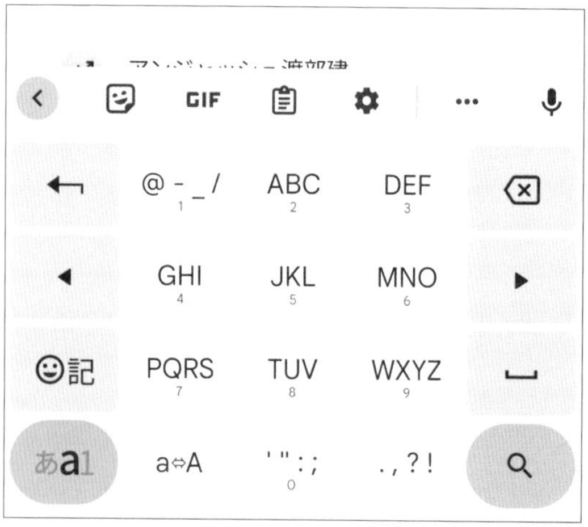

英字キーボードに
切り替わります。

2 数字キーボードに切り替えます

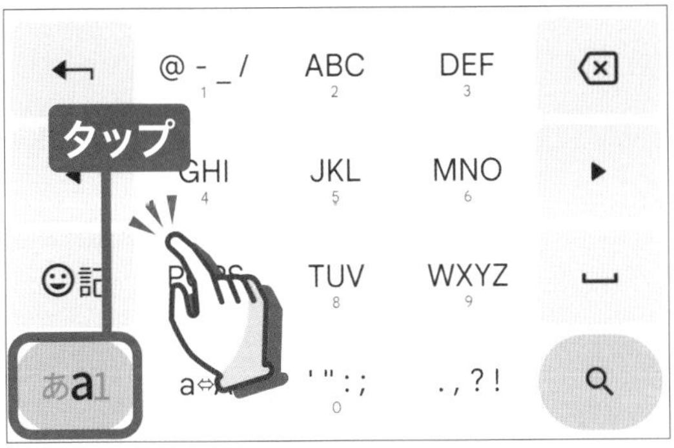

あa1 を タップします。

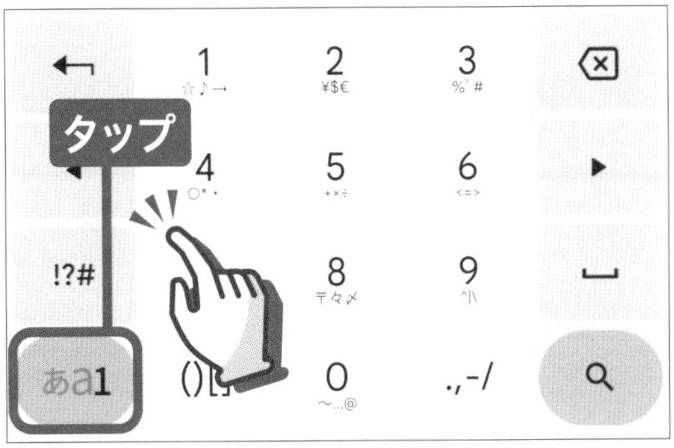

数字キーボードに
切り替わります。

あa1 を タップします。

最初のかなキーボードに
戻ります。タップのたびに
「かな」→「英字」→「数字」と
切り替わります。

ヒント キーボードの表示／非表示を切り替える

テキスト入力の場所を選択すると自動的にキーボードが表示されますが、画面を隠している部分が見たいこともあります。そのときには、ナビゲーションバーの▼をタップすると、キーボードが非表示になります。再度テキスト入力の場所をタップすると表示されます。

終わり

レッスン 14
英数字を入力しよう

キーボードの切り替え方法を覚えたら、英字や数字を入力してみましょう。かなと同様にトグル入力で入力ができます。

ここでの操作 ⇒ タップ →P.032

1 英字を入力します

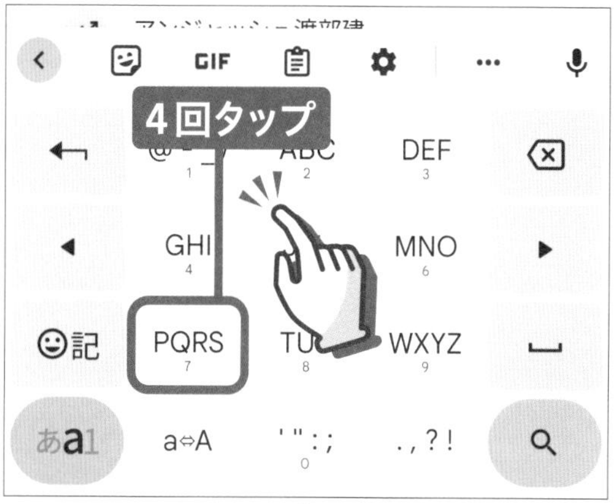

P.59とP.62を参考に英字キーボードを表示します。

ここでは PQRS 7 を4回タップします。

「s」が入力されました。

a⇔A をタップして、大文字にします。

② 続けて英字を入力し、確定します

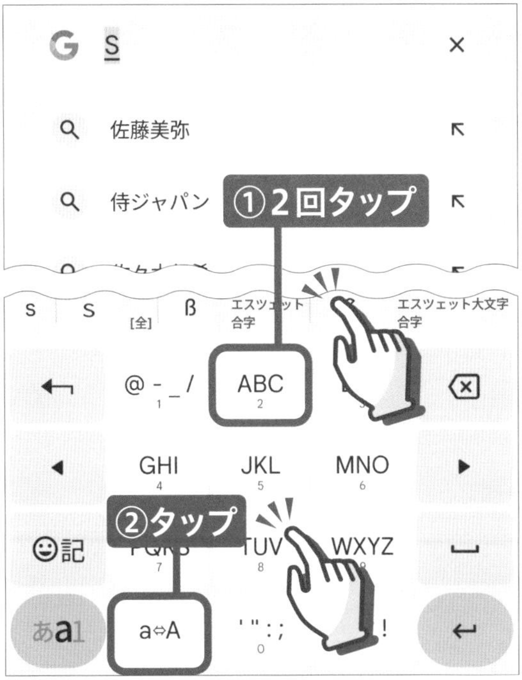

「S」と入力されました。

続けて ABC(2) を2回タップします。

a⇔A をタップします。

「SB」と入力されました。

↵ をタップして、入力を確定します。

次のページへ

3 数字を入力します

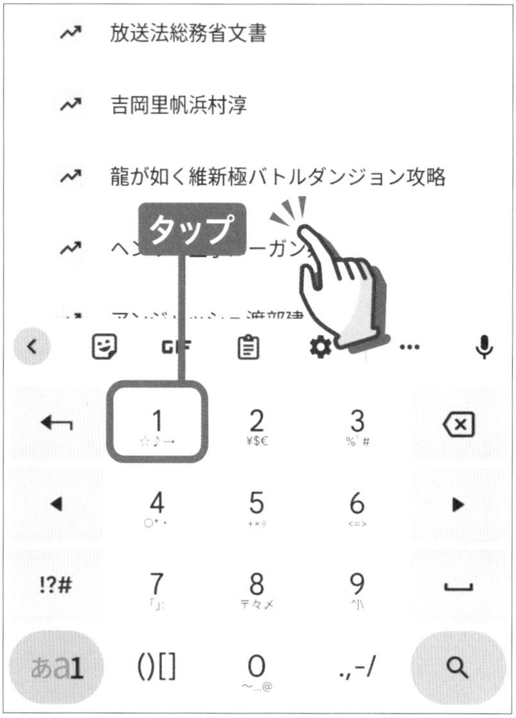

P.59とP.62を参考に
数字キーボードを表示します。

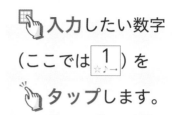

入力したい数字
（ここでは 1 ☆♪→ ）を
タップします。

「1」が入力されました。

続けて、2 ¥$€ と 0 ～…@ を
タップします。

4 入力を確定します

「2」と「0」が入力され、「120」と入力されました。

↵ をタップして、入力を確定します。

ヒント 日本語入力のキーボード選択

本書では「Gboard」の「12キー」キーボードを使って解説していますが、ほかにも「QWERTY」キーボードや「手書き」キーボードなどを追加することができます。キーボードを追加したいときは、キーボードが表示されている状態で⚙→「言語」→「キーボードを追加」→「日本語」をタップし、追加したいキーボードを選択して「完了」をタップします。キーボードを切り替えたい場合は、␣をロングタッチして、切り替えたいキーボード（ここでは 日本語 手書き）をタップします。元に戻す場合は、 日本語 をロングタッチして、 日本語 12キー をタップします。

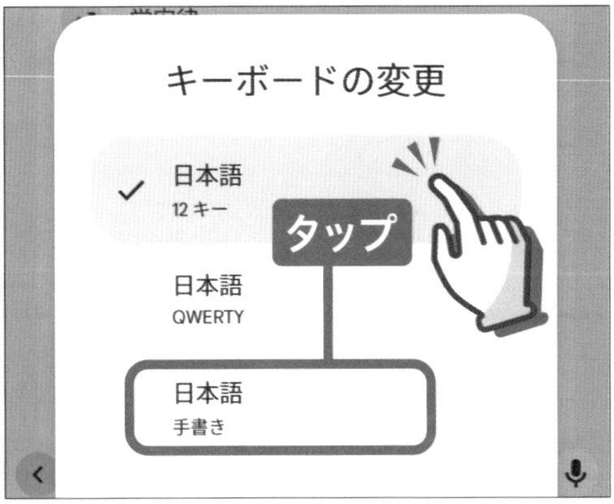

終わり

レッスン 15

文字を削除しよう

文字を間違って入力してしまうことはよくあります。
こういうときは落ち着いて文字を削除しましょう。

ここでの操作 ⇒ タップ →P.032　ロングタッチ →P.033

1 削除したい文字の右側にカーソルを移動します

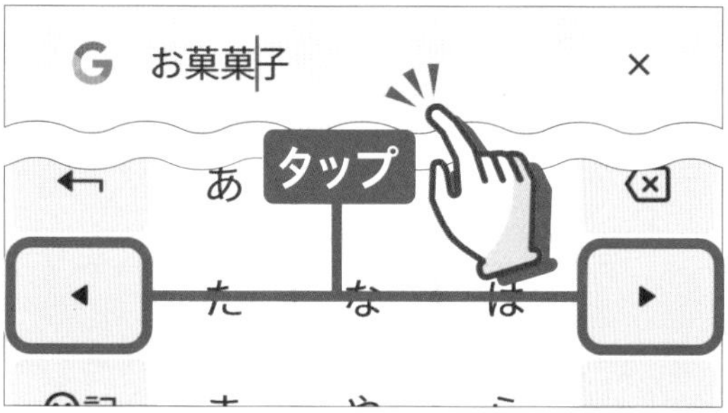

キーボードの◀と▶をタップして、
削除する文字の後ろに
カーソルを移動させます。

2 文字を1文字削除します

⌫をタップします。

カーソルの左側の文字が、
1文字削除されます。

⌫をタップした回数だけ左側の文字が削除されます。

③文字を全部削除します

削除したい文字の右側を
タップして、
カーソルを移動します。

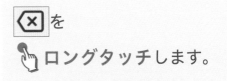

⌫を
ロングタッチします。

アドバイス

⌫をロングタッチしている間は、連続して削除されます。指を離すと削除は止まります。

文字が全部削除されます。

ヒント タップでカーソルの位置を指定する

前ページの手順①でのカーソルの移動方法のほかにも、カーソルを移動したい位置をタップして指定することもできます（P.73参照）。

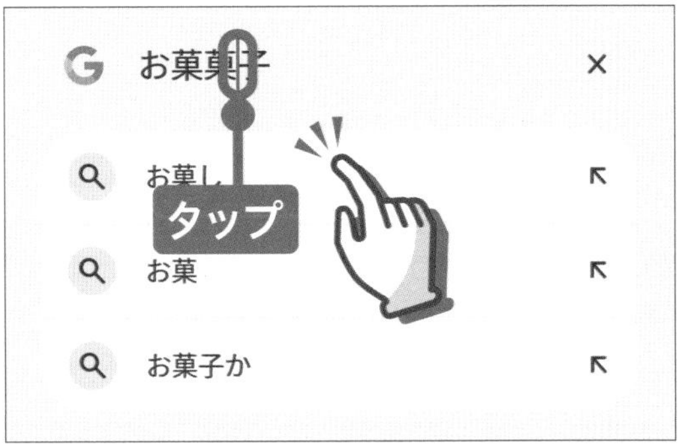

終わり

レッスン 16

絵文字や記号を入力しよう

キーボードで打てる文字は日本語や英字だけではありません。
可愛らしい絵文字や文を読みやすくする記号を使ってみましょう。

ここでの操作 ⇒ タップ →P.032

1 絵文字を入力します

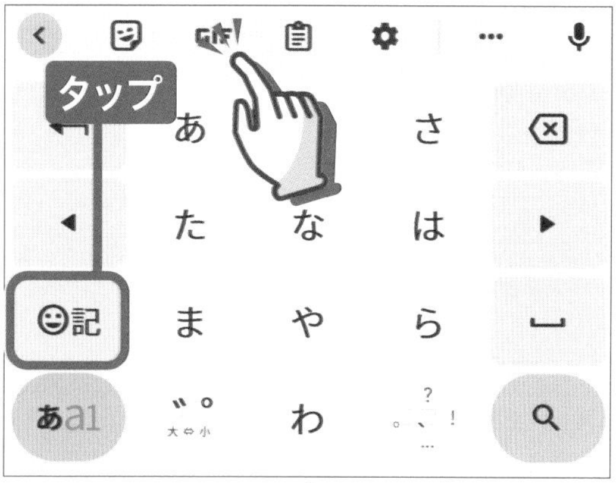

P.59とP.62を参考にキーボードを表示します。

☺記をタップします。

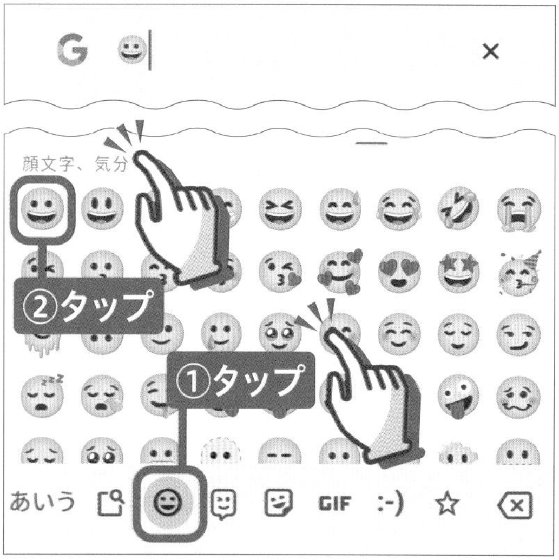

☺をタップします。

絵文字一覧が表示されます。

入力したい絵文字をタップして（ここでは😀）、絵文字を入力します。

2 記号を入力します

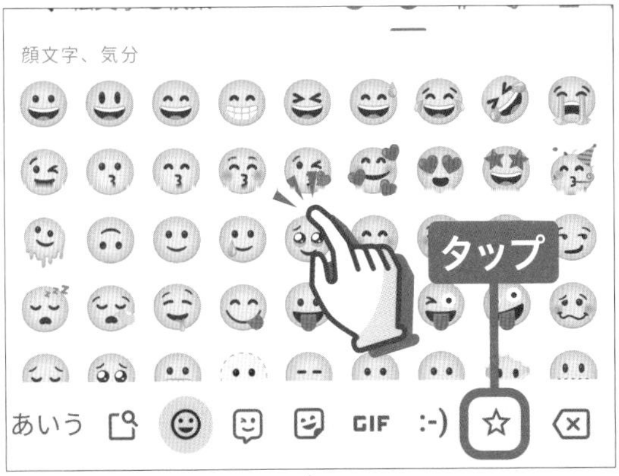

続けて、キーボード下の

☆を タップします。

アドバイス

あいうをタップすると、元のキーボードに戻ります。

記号一覧が表示されます。

入力したい記号を タップすると（ここでは@）記号が入力されます。

アドバイス

絵文字や記号の一覧は、上下にスワイプして選択できます。

ヒント 顔文字やイラストも入力できる

そのほかにも、キーボード下の:-)をタップすると顔文字を、をタップすると用意されているイラストを入力できます。

:-)	:^)	^_^	(^^)
:,-)	8-)	B-)	o:-)
:-D	}:-)	;)	;-)

レッスン 17

文字をコピーしよう

同じ文字を何回も入力するのは面倒です。そこで文字をコピーして貼り付けをすることで、簡単に入力をしましょう。

ここでの操作 ⇒ タップ →P.032 ロングタッチ →P.033 ドラッグ →P.033

1 コピーする文字を選択します

P.59を参考に文字を入力しておきます。

コピーしたい文字列をロングタッチして指を離します。

範囲選択のマークが表示されます。

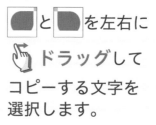

と を左右にドラッグしてコピーする文字を選択します。

② 選択した文字をコピーします

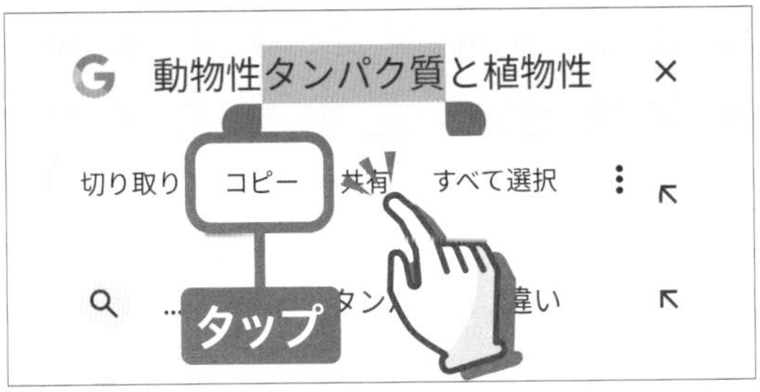

選択文字の下に表示される
コピー を
タップします。

③ 文字を貼り付けます

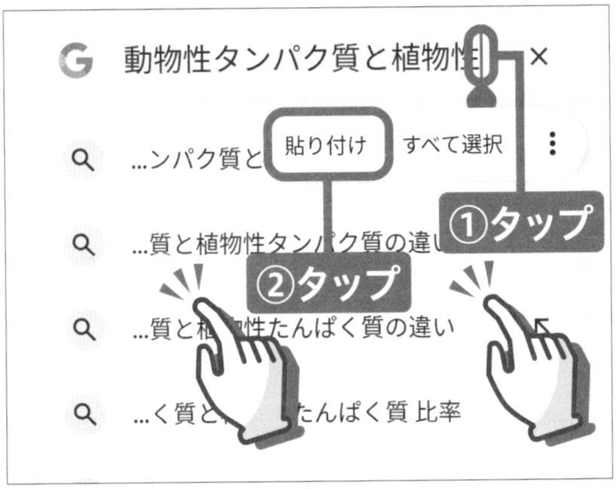

文字を貼り付けたい箇所を
タップして
カーソルを移動します。

貼り付け を
タップします。

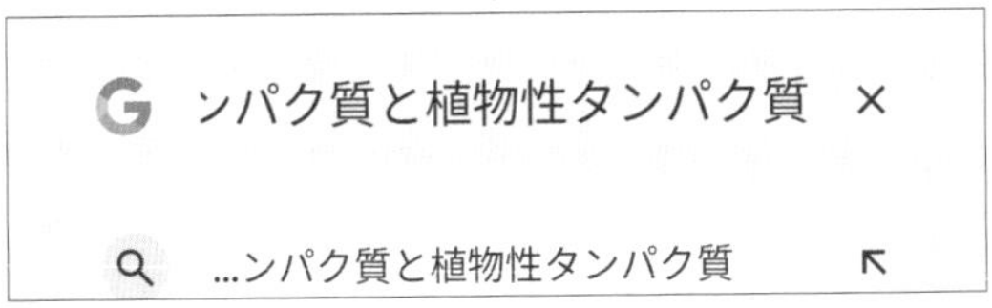

文字のコピーと貼り付けが
完了しました。

ヒント コピーと切り取りの違いについて

文字をコピーする方法は、「コピー」以外に「切り取り」があります。コピーは、コピー元の文字を残したままほかの場所に文字をコピーできます。切り取りは、コピー元の文字を削除してほかの場所に文字を貼り付けます。切り取りの場合はコピーではなく、移動になるのです。

終わり

ステップアップ

Q. フリック入力とは？

A. フリック操作で文字を入力することです

スマートフォンを使い慣れている人が文字を入力するとき、画面をタップするのではなく指を払うように動かして入力しているのを見たことがありませんか？

画面のキーボードの文字を複数回タップするトグル入力（P.59参照）ではなく、フリック操作（P.34参照）で入力しています。

トグル入力で「け」を入力するには、キーボードの「か」を4回タップします。フリック入力では、「か」をロングタッチすると「か」の周囲に「き」「く」「け」「こ」の文字表示されたガイドが現れます。このガイドの「け」の方向（右側）に指をフリックすると入力できます。操作に慣れると、トグル入力よりもすばやく入力できるので、覚えていくとよいでしょう。

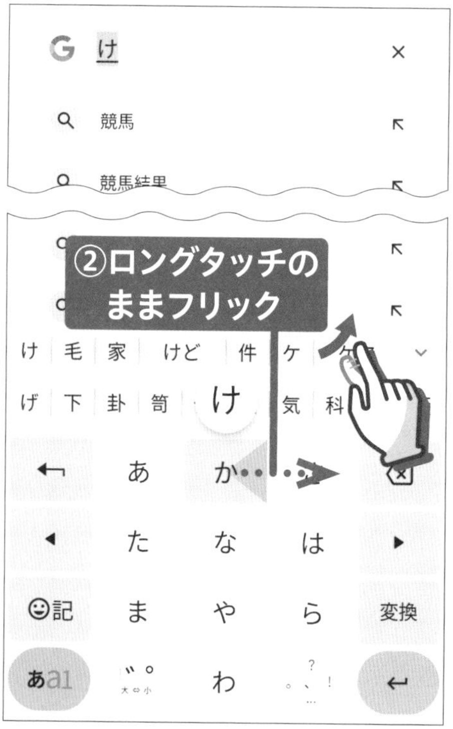

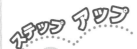

ステップアップ

Q. 別の漢字に変換したいんだけど？

A. 予測変換にない場合は、変換一覧から探しましょう

漢字にはたくさんの変換候補があります。しかし、変換したい漢字が予測変換に出ていない場合はどうしたらよいのでしょう。そうした場合は変換一覧を表示してそこから探しましょう。文字を入力したら、変換候補欄にある∨をタップすると、変換一覧が表示されます。そこから変換したい漢字を探してタップしましょう。変換候補が多い場合は、上下にスワイプしてすべてを確認できます。また、変換候補には数字や英字の全角・半角の候補も表示されます。「半角で入力したものの、全角に直したい」といった場合に重宝するでしょう。

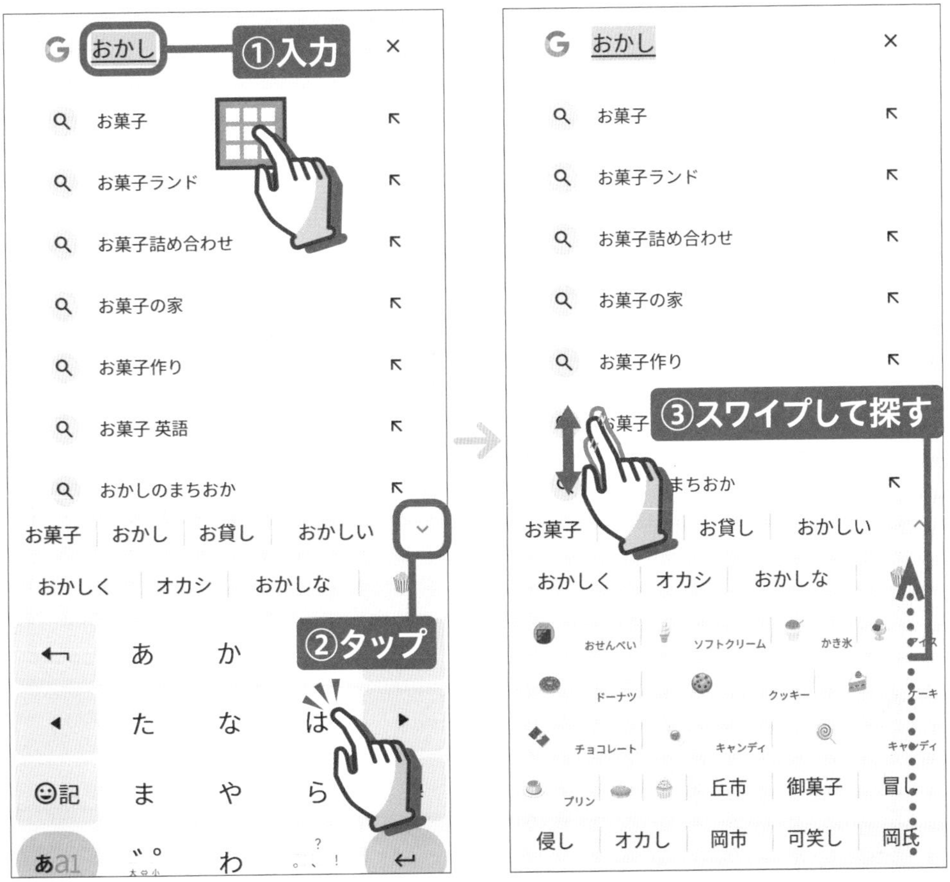

ステップ アップ

Q. アクセス許可って許可しても大丈夫なの？

A. 許可をしないと操作できなくなる場合があるので注意しましょう

初めてアプリを起動するときに、「このデバイスの●●へのアクセスを「○○」に許可しますか？」と表示されることがあります。これをアクセス許可といいますが、これは許可をしても多くの場合は問題ありません。たとえば、通話をするアプリを使う際に「マイクを使うことを許可しますか？」と表示されることがあります。これは許可をしないと通話ができないので、もちろん許可します。
ただし、「位置情報」などの許可については個人情報が気になる方もいるかと思います。地図アプリなどは位置情報を許可しないと意味がありませんので、位置情報が必須のアプリは許可して、それ以外は許可しない選択をしてもかまいません。なお、アクセス許可は、初めてアプリを起動したときのみ表示され、2回目はありません。あとからアクセス許可を変更したい場合は、設定アプリ（P.80参照）の「プライバシー」の「権限マネージャー」で変更できます。

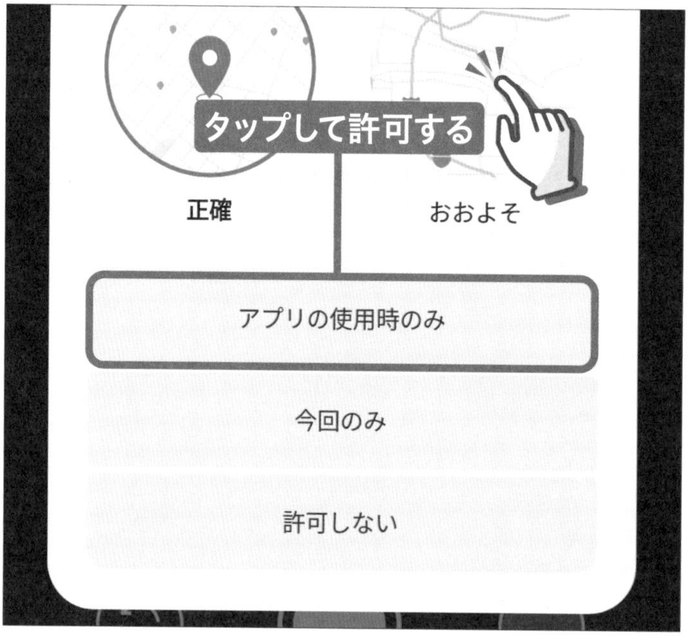

3章

スマートフォンの設定をしよう

レッスンをはじめる前に

スマートフォンを使いやすいように設定します

スマートフォンを使いやすくするために初期設定を行いましょう。Wi-Fiに接続してデータ通信料を節約したり、パスコードロックを設定してセキュリティを強化したりできます。

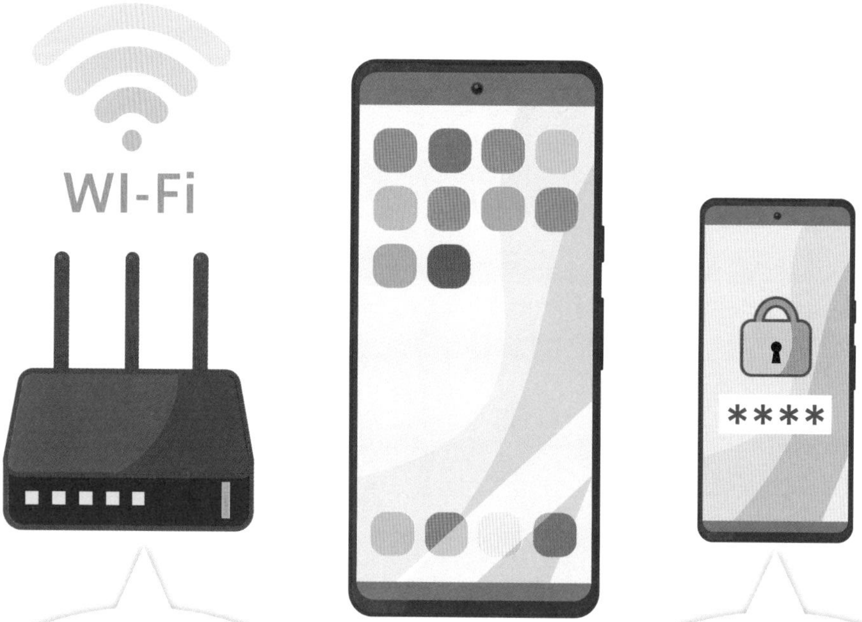

自宅のWi-Fiにつなぐことで、
データ通信料を
節約することできます。

パスコードロックをかけて、
画面ロックを解除する際に
パスコードを入力します。

文字が小さい、画面が暗いを解決できます

「スマートフォンの文字が小さくて読めない…」「画面が暗くて見づらい…」といったような悩みも、スマートフォンの設定で解決することができます。そのほかにも、「音が小さくて、電話やメールが来たことがわからない」といったことも、音量調節をすることで簡単に解決できます。

文字のサイズ設定

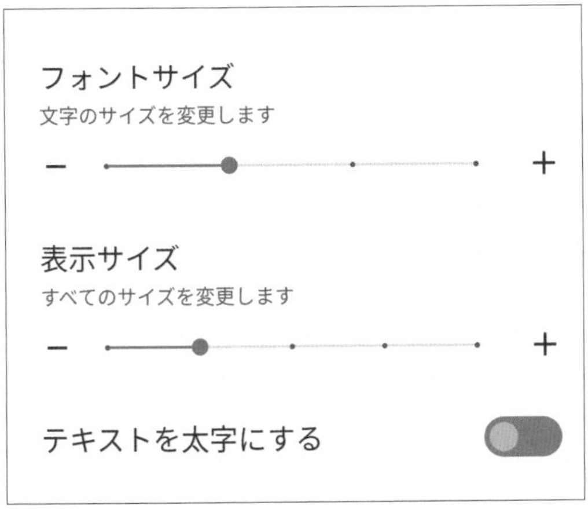

各種音量設定

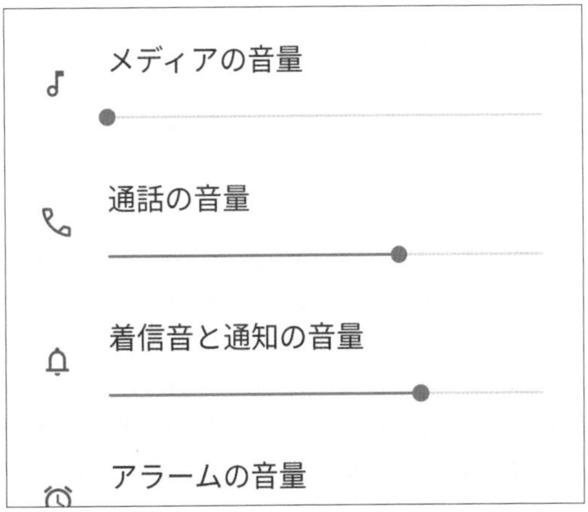

データのバックアップと機種変更

スマートフォンを機種変更する際には、データのバックアップを取っておくと、新しいスマートフォンに古い機種のデータを簡単に移動させることができます。データのバックアップには、Googleアカウントが必要なので、設定をしておきましょう。

レッスン 18

設定アプリを開こう

スマートフォンの初期設定をしましょう。設定はすべて設定アプリから行います。まずは設定アプリを起動しましょう。

ここでの操作 ⇒ タップ →P.032　スワイプ →P.034

1 設定アプリを開きます

ホーム画面を表示します。

画面を上方向に**スワイプ**します。

アドバイス

機種やキャリアによっては、ホーム画面やフォルダー内に設定アプリがある場合があります。

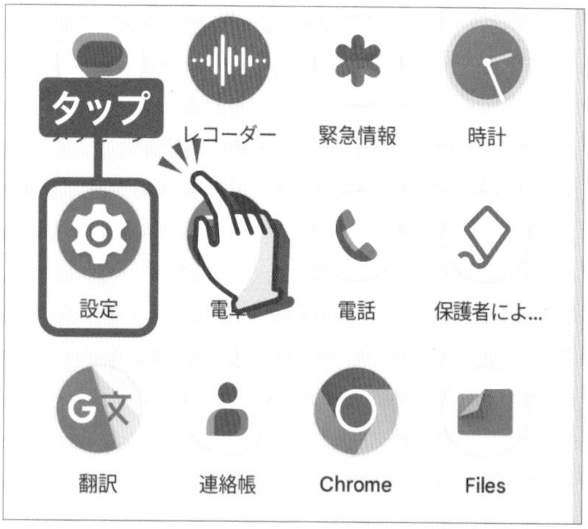

アプリ一覧画面が表示されます。

⚙（設定）を**タップ**します。

アドバイス

端末によってアイコンのデザインが異なることがありますが、歯車のアイコンが設定アプリです。

2 設定アプリが起動します

設定アプリの画面が開きます。

アドバイス

設定項目を選ぶには、画面を上下にスワイプしてスクロールします。

ヒント 端末によって設定アプリの画面は異なる

端末によって、設定アプリを開いた際の画面が少し異なっていますが、基本的に設定項目はほぼ同じです。各項目の名称が多少異なっていることもありますが、同じ機能は似たような名前になっています。

Xperia

Galaxy

終わり

レッスン 19

Googleアカウントを設定しよう

Androidは Googleアカウントを設定することで、さまざまな機能を使うことができます。まずはアカウントを設定してみましょう。

ここでの操作 タップ →P.032 スワイプ →P.034

Googleアカウントを設定すると何ができる？

Googleアカウントを設定すると、Playストアからアプリをインストールしたり（P.204参照）、Gmail（P.148参照）というメールのアカウントを無料で取得したりできるようになります。Androidスマートフォンを使いこなす上でかかせない設定なので、ここで必ずGoogleアカウントを設定しておきましょう。

Playストア

Gmail

1 設定アプリのGoogle設定を開きます

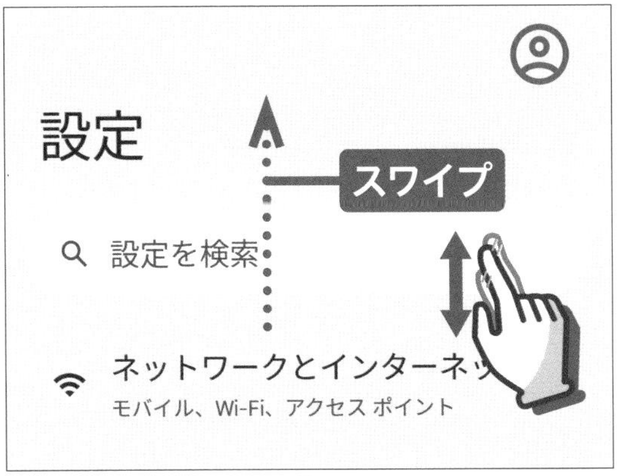

P.80を参考に、
設定アプリを起動します。

画面を上方向に
スワイプします。

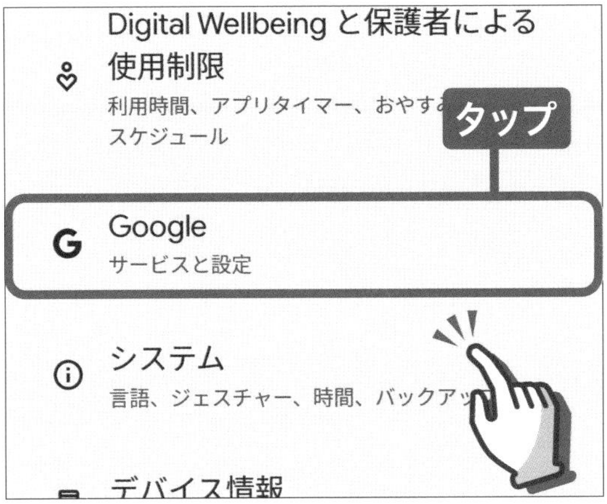

Google を
タップします。

2「Googleアカウントにログイン」を選択します

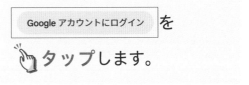

Google アカウントにログイン を
タップします。

次のページへ

3 アカウントの作成をはじめます

Googleのログイン画面が表示されます。

アカウントを作成 を

タップします。

アドバイス

機種変更などですでにGoogleアカウントを持っている場合は、P.94を参照して、ログインしてください。

自分用 を

タップします。

4 姓と名を入力します

Googleアカウントの作成画面が表示されます。

姓と名をそれぞれ タップして、入力します。

入力したら、

次へ を タップします。

5 生年月日と性別を入力します

生年月日と性別をそれぞれ タップして、入力します。

入力したら、

次へ を タップします。

次のページへ

6 アカウントになるGmailアドレスを作成します

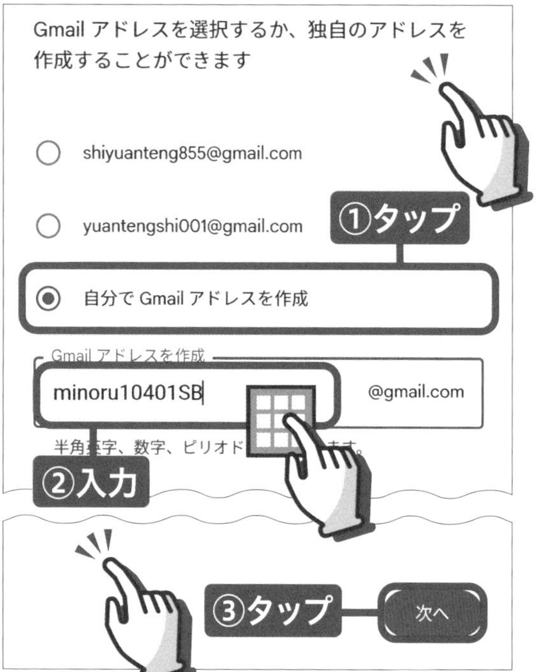

自分で Gmail アドレスを作成 をタップします。

メールアドレスにしたい文字を入力します。

次へ をタップします。

アドバイス

Gmailのアドレスが Googleアカウント名になります。

7 パスワードを設定します

パスワードにしたい文字を入力します。

次へ をタップします。

アドバイス

パスワードの文字は、アルファベットと数字、記号が最低1つ入っている必要があります。

8 電話番号の入力をするかどうかを決めます

「電話番号を追加しますか？」
画面が表示されるので
内容をよく読みます。

電話番号はあとからでも
登録できるので、
ここでは スキップ を
タップします。

アドバイス

Googleアカウントに電話番号を追加する場合は、はい、追加します をタップします。

アドバイス

電話番号をアカウントに追加しておくと、パスワードの再設定時などでも利用できます（P.89のヒント参照）。

9 アカウント情報を確認して進みます

アカウント情報の確認画面が
表示されます。

次へ を タップします。

10 プライバシーポリシーと利用規約に同意します

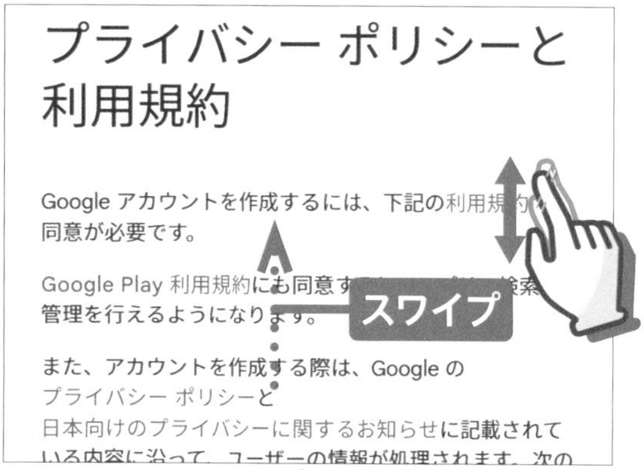

プライバシーポリシーと
利用規約画面が表示されます。

内容をよく読みながら、
画面を上方向に
スワイプします。

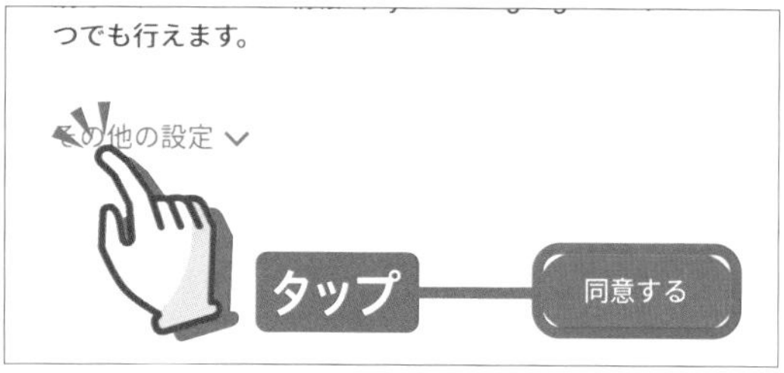

同意する を タップします。

11 Google サービスの内容に同意します

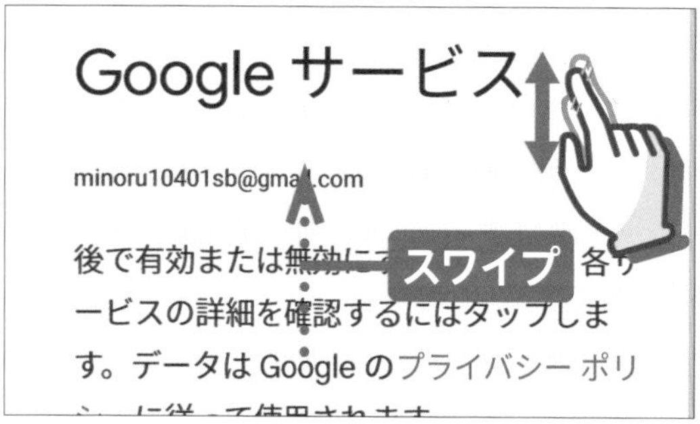

Google サービス画面が
表示されます。

内容をよく読みながら、
画面を上方向に
スワイプします。

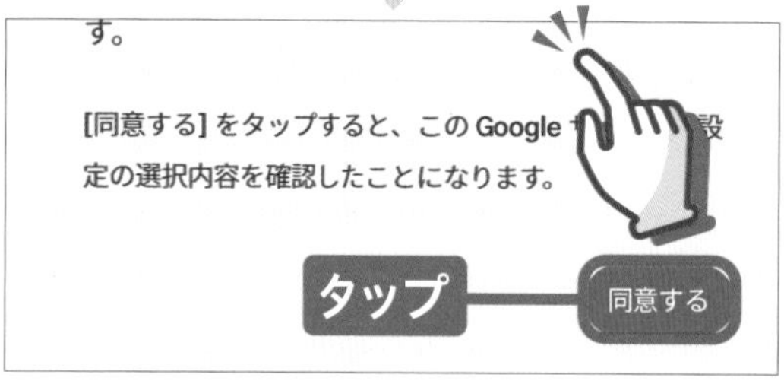

同意する を タップします。

12 Googleアカウントを確認します

Googleアカウントが
設定されます。

ヒント Googleアカウントを管理しておく

手順⑫の画面で、「Googleアカウントの管理」をタップすると、Googleアカウントの管理画面が表示されます。登録した個人情報などが載っているので、取り扱いには注意しましょう。また、P.87で電話番号を登録していると、Googleアカウントのパスワードを忘れてしまった際にSMS（P.142参照）を使って再設定をすることができます。

終わり

レッスン 20

機種変更に伴うデータを移行しよう

機種変更をしても、データ移行をすれば電話帳のデータや写真などが消えてしまうことはありません。設定方法を確認しましょう。

ここでの操作 ⇒ タップ →P.032 スワイプ →P.034

Androidスマートフォンでのデータ移行方法

AndroidスマートフォンでGoogleアカウントを設定すると、グーグルの基本サービスのデータは標準設定でインターネットのサーバーに同期されています。同期されたデータは、別の機種に同じGoogleアカウントを設定するとそのまま引き継がれますので、機種変更してもそのまま利用できます。つまり、Googleアカウントを設定して同期しておけば、データはそのまま移行できるのです。

古いスマートフォン　　新しいスマートフォン

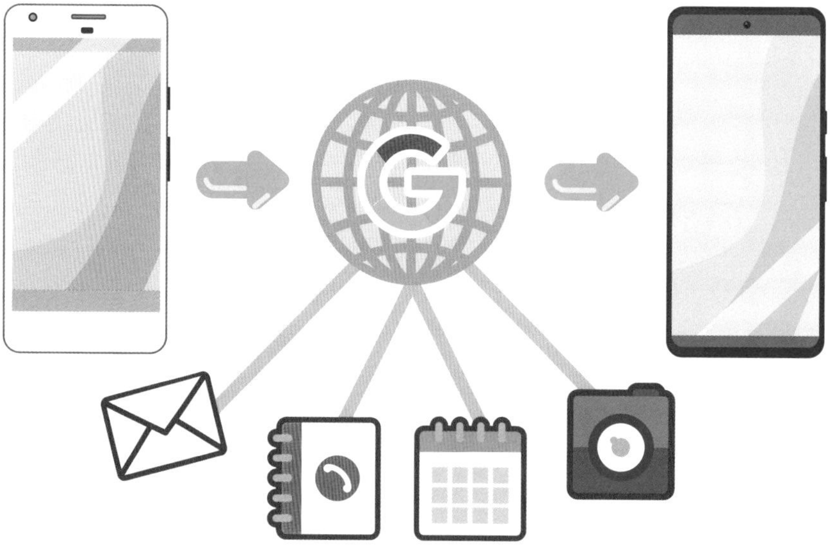

1 Googleアカウントを開きます

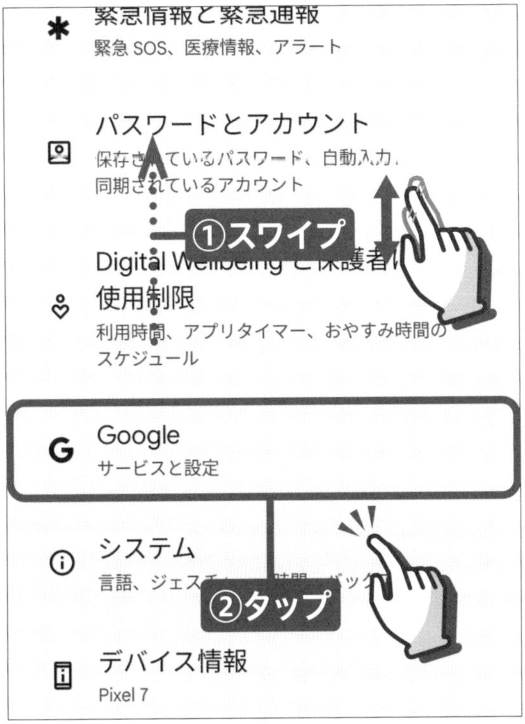

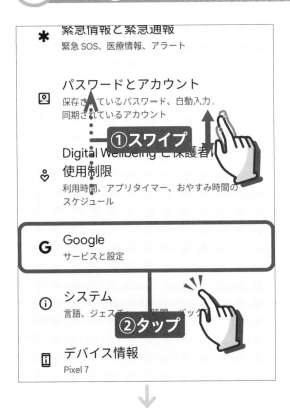

機種変更の場合は、変更前に
古い機種で操作しておきます。
P.80を参考に、
設定アプリを起動します。

画面を上方向に
スワイプします。

Google を
タップします。

Google画面が表示されます。

次のページへ

2 「バックアップ」を選択します

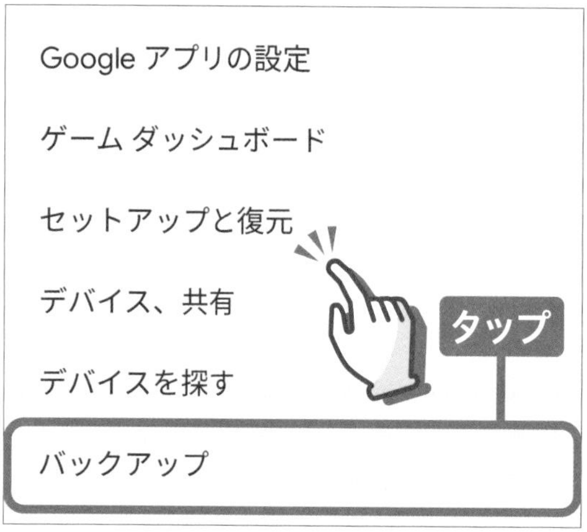

バックアップ を
タップします。

3 バックアップを行います

バックアップ画面が
表示されます。

今すぐバックアップ を
タップして、
バックアップを作成します。

アドバイス

バックアップすると、グーグルのサーバーにデータが同期されます。

ヒント バックアップされるデータ項目

バックアップ画面の「バックアップの詳細」では、バックアップしたデータの詳細を確認できます。
「写真と動画」をタップして項目をオンにしておけば、写真や動画のデータを機種変更後の新しい端末に移行できます。「Googleアカウントのデータ」では、「Gmail」や「Googleカレンダー」などのグーグル関連サービスを同期するかどうか設定することも可能です。

ヒント バックアップには時間がかかることがある

キャリアの通信回線（モバイル回線）の高速化や、高速なWi-Fiに接続設定（P.96参照）してあれば、バックアップ（データの同期）にはさほど時間はかかりません。それでも、多くのデータがある場合は、時間がかかることがありますので注意してください。
また、フォトアプリなどで、多くの写真や動画のデータを同期する場合には、通信データ量が大きくなり、時間がかかるだけでなく、モバイル回線の容量制限がかかることがあります。そのため、写真や動画データの同期・移行をするときには、モバイル回線ではなく、Wi-Fi接続の環境で行うようにするとよいでしょう。

次のページへ

4 新しい端末でアカウントを設定します

古い機種でバックアップができたら、新しい機種にアカウントを設定します。P.83を参考にGoogleアカウントのログイン画面を表示します。

バックアップに使ったGoogleアカウントを入力します。

次へ をタップします。

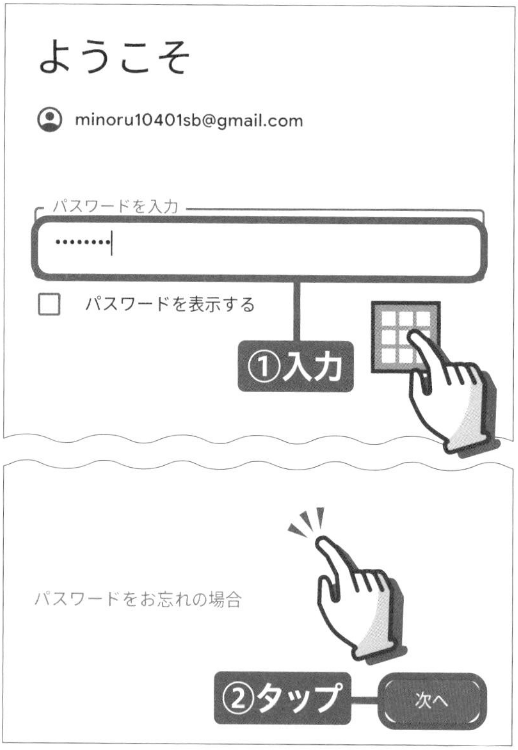

Googleアカウントのパスワードを入力します。

次へ をタップします。

このあと、P.88からのアカウント設定を参考に画面の指示にしたがって進めます。設定ができたらバックアップからのデータ移行も行われます。

ヒント そのほかのデータ移行方法

ガラケーと呼ばれる従来の携帯電話からの機種変更の場合、Googleアカウントでのデータ移行はできません。ガラケーからデータを移行したい場合は、SDカードを利用するか、各キャリアが提供しているサービスを使用しましょう。

DOCOPY（ドコピー）（ドコモ）	電話帳（電話番号・メールアドレス）、カメラ画像（ピクチャ）、送受信メール（iモードメールやドコモメール（ローカル）のデータ）、ムービー（動画）
データお預かり（au）	アドレス帳、写真、動画、カレンダー、auメール／Eメール、SMS、+メッセージ
S!電話帳バックアップ（ソフトバンク）	電話帳

ヒント キャリア独自サービスのデータ移行方法

各キャリアが独自提供しているサービスのデータ移行には、各キャリアのデータ移行アプリやサービスを利用します。データ移行用のアプリは購入した端末に最初から入っている場合もありますが、ない場合はP.204を参考にしてアプリをインストールしましょう（楽天モバイルには独自のデータ移行アプリはありません）。また、各キャリアのショップではデータ移行サービスを有料で行っています。不安な場合はこうしたサービスを活用してみるのもよいでしょう。

ドコモデータコピー（ドコモ）	連絡先、画像、動画、音楽、スケジュール、+メッセージ
データお引っ越し（au）	アドレス帳、画像、動画
あんしんバックアップ（ソフトバンク）	電話帳、S!メール（MMS）／SMS、カレンダー、ブックマーク、発着信履歴、写真ファイル、音楽ファイル、動画ファイル

終わり

レッスン
21 Wi-Fiに接続しよう

スマートフォンはWi-Fiと呼ばれる無線通信に接続することができます。キャリアの通信を使わず、インターネットに接続できます。

ここでの操作 ⇒ タップ →P.032

Wi-Fiとは？

Wi-Fiとは無線通信の一種です。自宅にインターネット回線があれば、無線LANルーターを用意して、スマートフォンを接続し、インターネットに接続することができます。キャリアのモバイル回線を使いませんので、データ通信量が節約でき、通信料金の節約につながります。
Wi-FIで接続するには、無線LANルーターのアクセスポイント名（SSID名と呼ばれる）とパスワードが必要です。無線LANルーター本体や取扱説明書に記載されていますので確認しておきましょう。詳しくは、自宅のインターネット回線を契約する窓口のショップの方や、家族や知人の詳しい方に聞いたりして、設定してもらってもよいでしょう。

1「ネットワークとインターネット」設定を開きます

P.80を参考に、
設定アプリを起動します。

ネットワークとインターネット

をタップします。

2「インターネット」を選択します

インターネットを

タップします。

③ Wi-Fiをオンにします

「Wi-Fi」の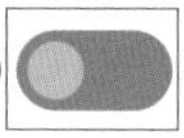をタップしてオン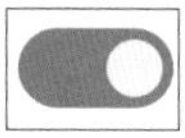にします。

Wi-Fiのアクセスポイント名が表示されます。

接続するアクセスポイント名をタップします。

アドバイス

複数のアクセスポイント名が表示されることがありますので、自分が接続する無線LANルーターの名前を調べておきましょう。で電波の強さがわかります。

④ アクセスポイントに接続します

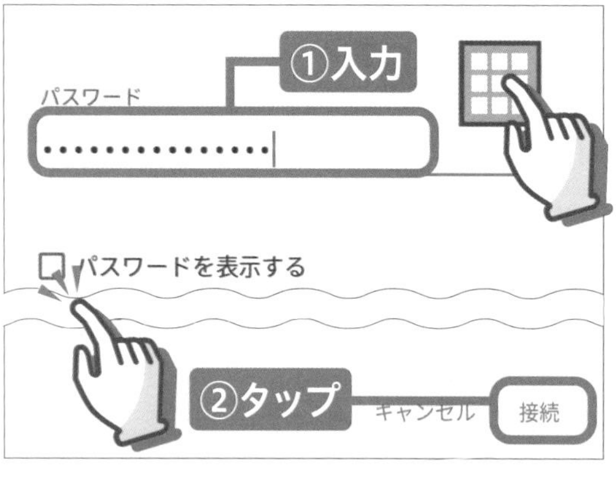

パスワードを入力して、

接続をタップします。

ヒント　利用できるWi-Fiのアクセスポイント

スマートフォンでインターネットに接続ができるWi-Fiのアクセスポイントには、大きく分けると次のような種類があります。それぞれ簡単に紹介します。

・自宅や会社のアクセスポイント
・キャリアのWi-Fiサービス
・ショップのアクセスポイントや公衆無線LAN

自宅や会社のアクセスポイント

自宅の無線LANルーターや、自分が所属する会社が用意しているアクセスポイントです。会社のアクセスポイントに接続するには、ネットワークの管理者がいるはずですので、接続方法を聞いてみましょう。

キャリアのWi-Fiサービス

ドコモやau、ソフトバンク、楽天モバイルのキャリアでは、街中の店や駅などの施設でWi-Fiサービスを提供しています。キャリアのWi-Fiサービスに接続すれば、外出先でもパケット代の節約につながります。申し込みや接続方法については、各キャリアのショップで確認するとよいでしょう。

ショップのアクセスポイントや公衆無線LAN

街中のカフェやショップなどでは、独自にWi-Fiのアクセスポイントを設置しているところがあります。また、公衆無線LANとしてWi-Fiのアクセスポイントを提供している会社もあります。こういったアクセスポイントは、多くは無料ですが、有料のサービスもあります。Wi-Fi接続を提供している表記があれば、店員さんに接続方法を確認してみてください。接続アプリが用意されていたり、ユーザー登録が求められる場合もあります。
なお、不特定多数の人がアクセスできるフリーWi-Fiと呼ばれる無料のサービスでは、通信の安全性が保障されないことがあります。クレジットカード番号や個人情報などの重要な情報のやり取りをしないなどの注意が必要です。

終わり

レッスン 22

セキュリティを強化しよう

画面ロックがスワイプで解除できると、誰でも操作が行えてしまいます。
画面をパスコードでロックしてセキュリティを強化しましょう。

ここでの操作 ⇒ タップ →P.032 ドラッグ →P.033 スワイプ →P.034

1 セキュリティ設定を開きます

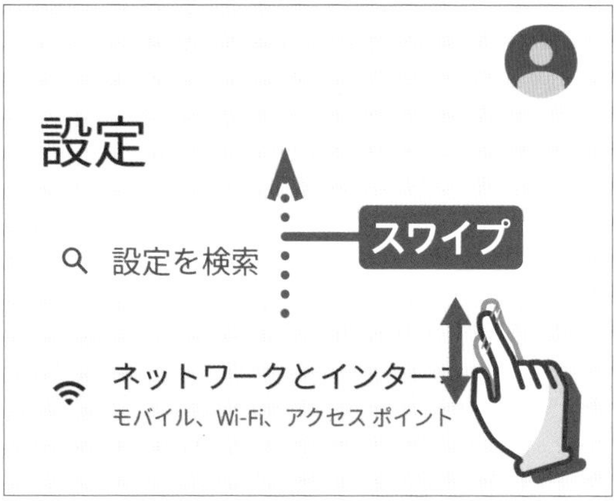

画面ロックの解除に
パスコードを設定します。
P.80を参考に、
設定アプリを起動します。

画面を上方向に
スワイプします。

セキュリティとプライバシー を
タップします。

アドバイス

端末によって項目名が異なることがありますが、「セキュリティ」と表示されている項目をタップしましょう。

2 「画面ロック」を選択します

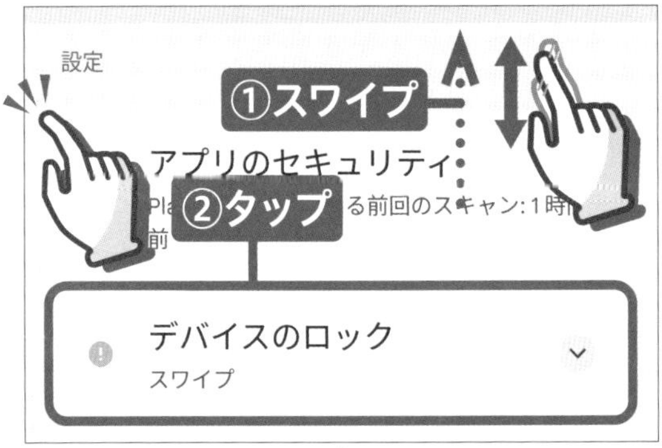

セキュリティとプライバシー画面を上方向にスワイプし、デバイスのロックをタップします。

画面ロックをタップします。

3 「PIN」を選択します

PINをタップします。

アドバイス

PINは暗証番号のようなもので、4桁以上の数字の組み合わせです。それ以外のロックについては、P.105で紹介します。

次のページへ

4 PINのパスコードを設定します

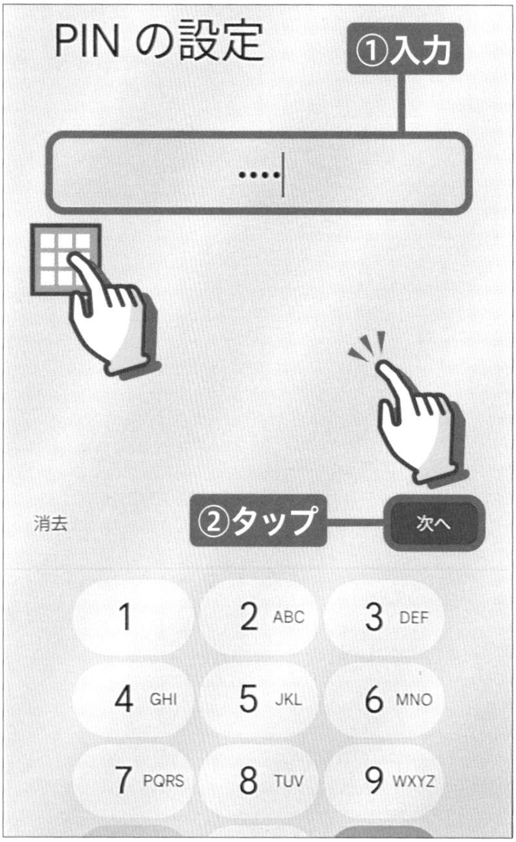

画面ロックの設定画面が表示されます。

PINを4桁以上の数字で入力します。

PINを入力したら、次へをタップします。

アドバイス

PINは4桁以上であれば、何桁の数字でもかまいませんが、自分で覚えられる範囲で入力しましょう。

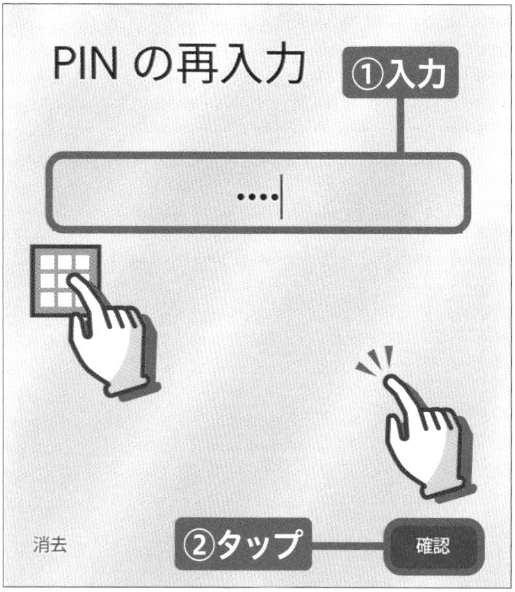

先ほど入力したPINと同じ数字を再度入力します。

PINを入力したら、確認をタップします。

5 ロック画面の通知方法を選択します

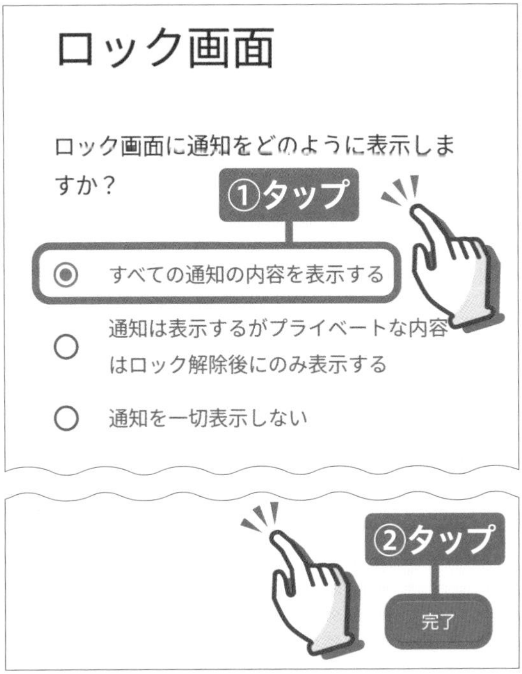

ロック画面を解除しない状態で、通知をどう表示するかの指定です。

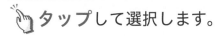

すべての通知の内容を表示する を

タップして選択します。

画面下の 完了 を

タップします。

6 画面ロックのパスコードが設定されます

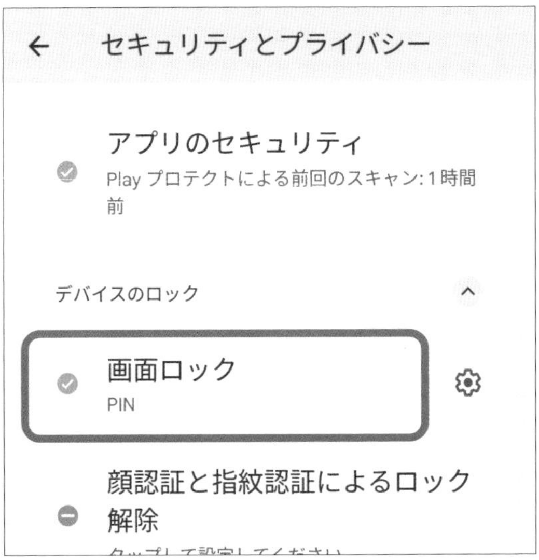

「画面ロック」の項目に「PIN」と表示され、画面ロックを解除するパスコードが設定されます。

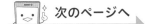

次のページへ

7 ロック画面を表示します

PINが設定できたら、
P.37を参考に
スリープモードにして、
スリープモードを解除します。

ロック画面を上方向に
スワイプします。

8 PINのパスコードを入力します

設定したPINを**入力**します。

PINを入力したら、
を**タップ**します。

9 ホーム画面が表示されます

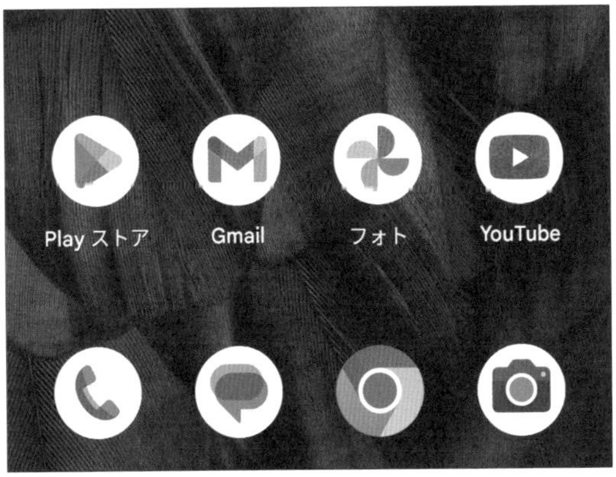

ロックが解除されて、
ホーム画面が表示されます。

ヒント そのほかの画面ロック方法

PIN以外にも画面ロックをかける方法があります。P.101の手順③の画面で「パターン」を選択すると、9つの点のうち4つ以上をドラッグするパターンで解除するロック方法になり、「パスワード」を選択すると数字と英字を混ぜたパスワードを設定するロック方法になります。

パターン

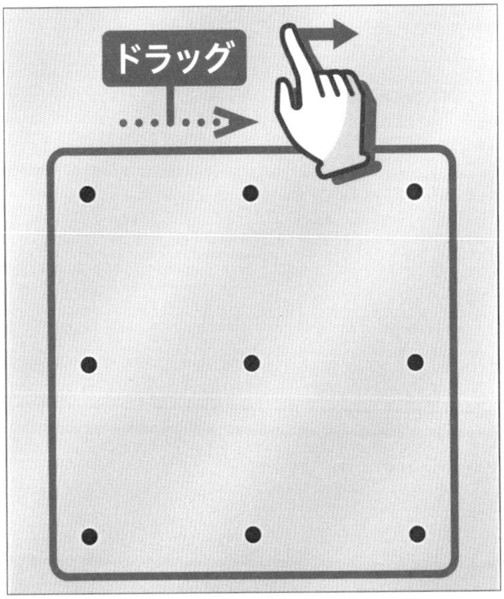

パスワード

終わり

レッスン 23

文字の大きさを調節しよう

スマートフォンを操作していて、文字が小さくて読めない、といったこともあるでしょう。そのような場合は、文字の大きさを変更できます。

ここでの操作 ⇒ タップ →P.032 ドラッグ →P.033 スワイプ →P.034

1 画面設定を開きます

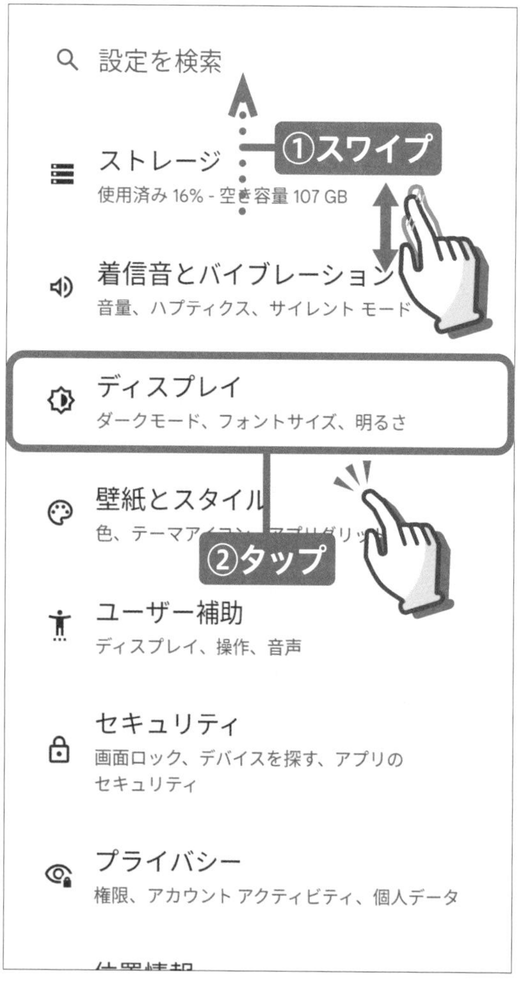

P.80を参考に、
設定アプリを起動します。

画面を上方向にスワイプします。

ディスプレイ をタップします。

アドバイス

端末によっては「画面設定」の項目をタップします。

2「表示サイズとテキスト」を選択します

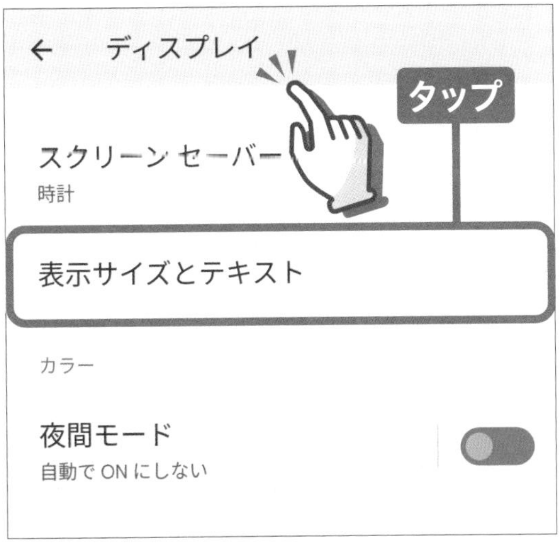

ディスプレイ（画面設定）画面が表示されます。

表示サイズとテキストを

タップします。

3 フォントサイズを指定します

フォントサイズのスライダーのを左右にドラッグして、文字の大きさを設定します。

上のプレビューで文字サイズが確認できます。

終わり

レッスン

24 画面の明るさを調節しよう

スマートフォンの画面が暗すぎてよく見えない、明るすぎて目がチカチカする、といった場合は、画面の明るさを変更しましょう。

ここでの操作 タップ →P.032 ドラッグ →P.033 スワイプ →P.034

1 ステータスパネルを表示します

ホーム画面を表示します。

ステータスバーを下方向に**スワイプ**します。

ステータスパネルを下方向に**ドラッグ**します。

②スライダーで明るさを指定します

ステータスパネル上のスライダーのを左右にドラッグすることで画面の明るさを設定します。

左方向で画面が暗くなり、右方向で画面が明るくなります。

ヒント 設定アプリから明るさを調節する

設定アプリからでも、画面の明るさを調節することができます。P.107の手順②のディスプレイ（画面設定）画面で「明るさのレベル」をタップし、スライダーのを左右にドラッグして明るさを変更しましょう。また、「明るさの自動調節」をオンにしておくと、周囲の明るさに合わせて自動調整してくれます。

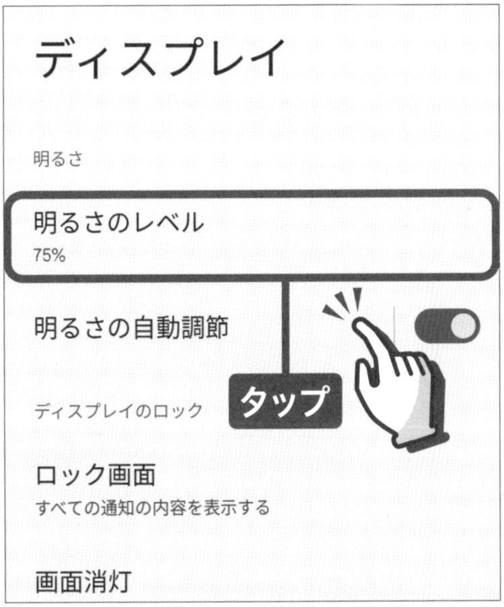

終わり

レッスン 25

音量の調節やマナーモードの設定をしよう

スマートフォンからの通知音が聞こえない、音楽の音量が大きすぎる、といった場合は、音量を変更しましょう。

ここでの操作 ⇒ タップ →P.032 ドラッグ →P.033 スワイプ →P.034

1 音の設定を開きます

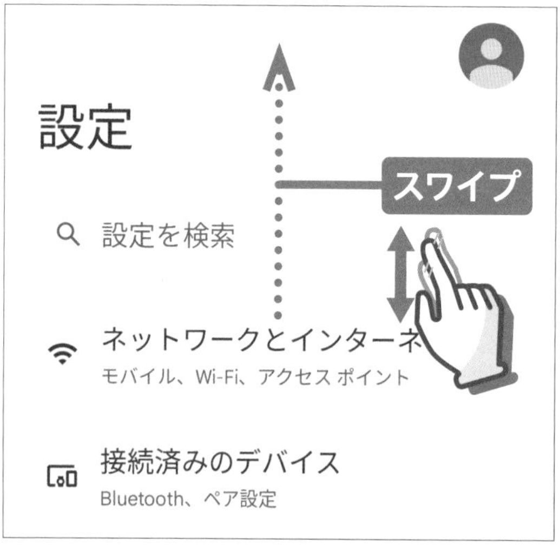

P.80を参考に、設定アプリを起動します。

画面を上方向にスワイプします。

着信音とバイブレーションをタップします。

アドバイス

端末によっては「音設定」や「サウンド」などの項目名になっています。

② 各項目ごとに音量を指定します

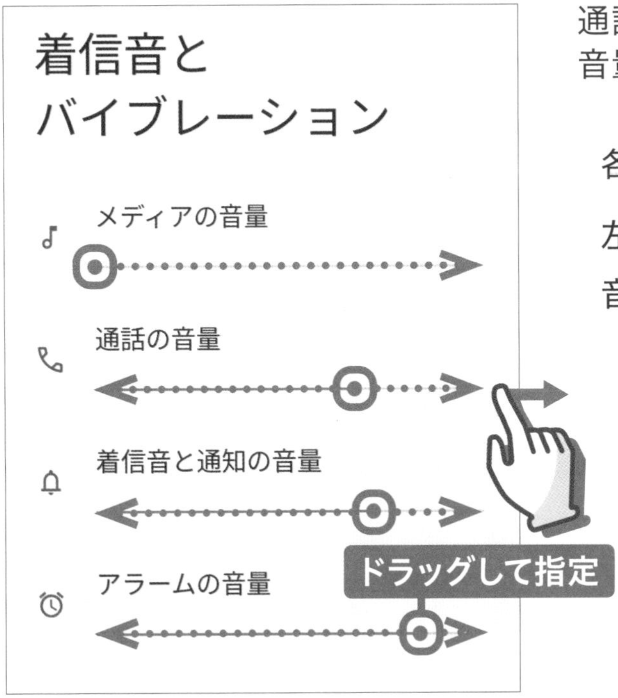

通話や着信音の
音量設定項目が表示されます。

各項目のスライダーの を
左右に ドラッグして、
音量の大きさを指定します。

左方向で音量が
小さくなり、右方
向で音量が大きく
なります。

ヒント 音量の項目

音量は各項目ごとに調節できます。「メディアの音量」はスピーカーから聞こえる音や音楽・動画の音量です。「通話の音量」は通話の際に受話口から聞こえる相手の声の音量です。「着信音と通知の音量」は電話やメールの着信や通知の音量になり、「アラームの音量」はアラーム（P.222参照）になります。
なお、それぞれが鳴っているときには、端末の音量ボタンを押すことで変更できます。

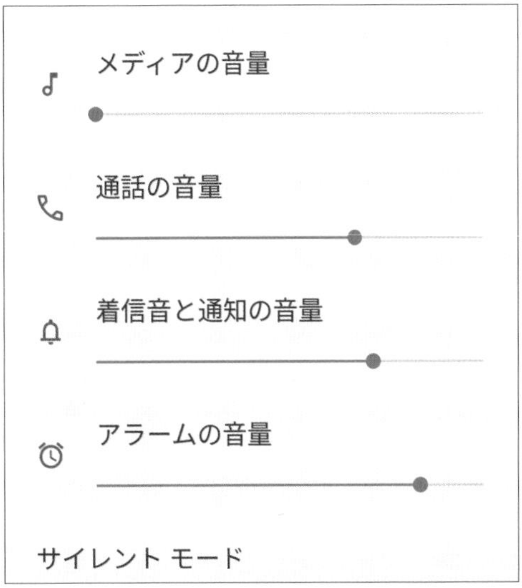

3 バイブレーションモードに設定します

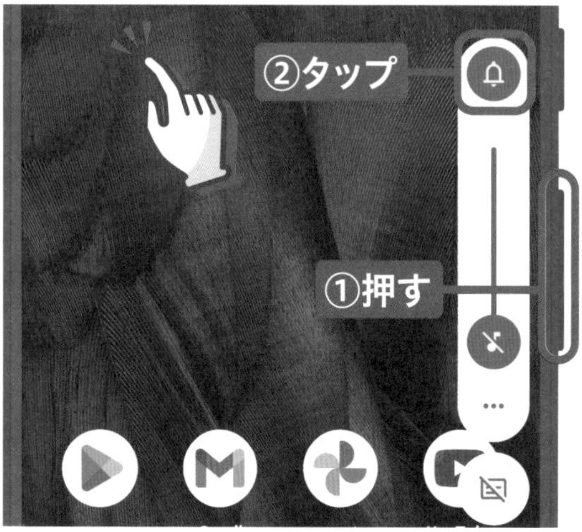

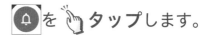

着信音を鳴らさない
バイブレーションモードに
設定します。

端末の音量ボタンの
上下いずれかを押します。

音量のメニューが表示されます。

🔔を タップします。

📳を タップします。

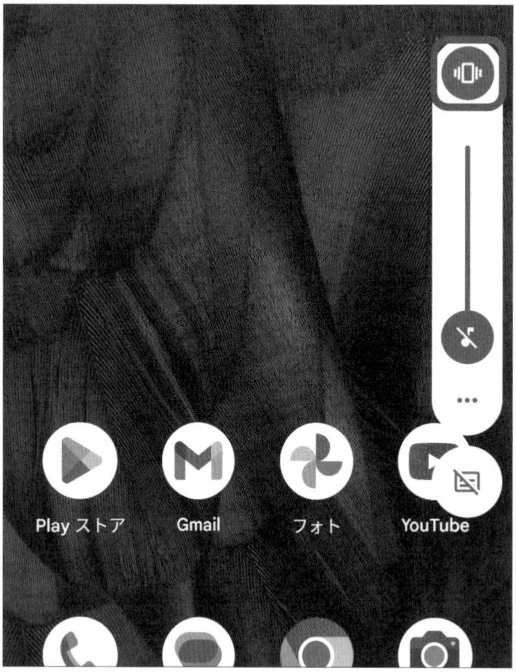

表示が📳に切り替わり、
バイブレーションモードに
変更されます。

バイブレーションモードとは、着信や通知の音を鳴らさずに、バイブレーションで端末を振動させてお知らせしてくれる機能のことです。アプリ内の音やアラームなどの音は鳴るようになっています。

4 サイレントモードに設定します

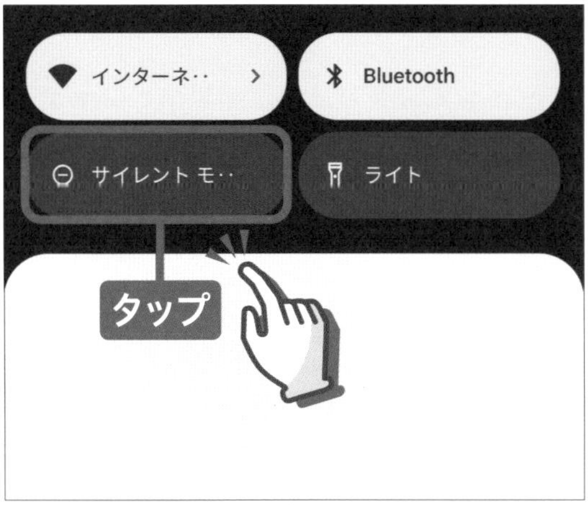

P.108を参考に
ステータスパネルを
表示します。

サイレント モ‥ を
タップします。

ステータスバーに
⊖ が表示され、
サイレントモードに
変更されます。

サイレントモードとは、音だけでなく振動や通知もされない状態のことです。また、任意の通知を許可するなどカスタマイズもできます。

アドバイス

サイレントモード時の通知を変更したい場合は、サイレント モ‥ をロングタッチします。

終わり

ステップアップ

Q. 指紋認証・顔認証・虹彩認証って？

A. 生体認証でスマートフォンをロックできるセキュリティ機能のことです

スマートフォンの機種によっては、「指紋認証」「顔認証」「虹彩認証」などの生体認証でロックをかけることができます。パスコードだけでは、番号を第三者に知られると画面ロックを解除できてしまうため、さらに生体認証でロックをかけてセキュリティ強化をしていきます。
生体認証の機能を持った機種で設定するには、まずスマートフォンにPINなどの画面ロックをかける必要があります。画面ロックを設定してから、各端末のセキュリティ画面の「○○認証（を設定）」の項目をタップして、画面の指示にしたがい設定をしましょう。設定が完了したら、ロック画面でロックを解除する際に、パスコードを入力する代わりに生体認証だけで解除できるようになります。

指紋認証

顔認証

虹彩認証

ステップアップ

Q. 今映ってる画面って撮影できるの？

A. スクリーンショット機能を使いましょう

スマートフォンに映っている画面を画像として保存をしたい場合、スクリーンショットという機能を使いましょう。
スクリーンショットの撮影方法は2種類あります。1つ目は、端末の電源ボタンと音量ボタンの下を同時に押します。そうすると、「カシャッ」という音が鳴り、スクリーンショットが撮影されます。2つ目は履歴キーをタップして表示される画面から、「スクリーンショット」の項目をタップします。撮影したスクリーンショットは、フォトアプリ（P.168参照）で確認できます。ただし、フォト一覧に表示されず、「ライブラリ」タブの「Screenshots」に保存されることもあります（P.180のアドバイス参照）。
なお、ワンセグなどのテレビ放映画面や、クレジットカード番号の入力画面など、一部画面は撮影できません。

2つのスクリーンショットの撮り方

ステップ アップ

Q. Bluetooth接続をしたい！

A. Bluetooth機器とペアリング設定しましょう

Bluetoothとは、近距離間で無線でデータ通信が行える機能です。スマートフォンでは、Bluetoothに対応したワイヤレスのイヤホンやヘッドホンなどと接続することができます。

接続方法は、設定アプリの「Bluetooth」の項目から、まず「Bluetooth」の機能をオンにします。そして「**ペア設定**」や「**ペアリング**」といった項目をタップして設定します。Bluetooth機器側でも同時に設定操作を行う必要がありますので、各機器の取扱説明書に記載されているとおりに設定しましょう。ペアリングが完了したら、Bluetooth機器とスマートフォンとの接続が完了します。ワイヤレスイヤホンなら、有線イヤホンと同じように利用できます。

Bluetoothデバイスとの接続設定画面で「新しいデバイスとペア設定」をタップして接続します。

4章

電話をかけてみよう

レッスンをはじめる前に

電話機能が使えます

スマートフォンは従来の携帯電話のように、電話として使うことができます。電話アプリを起動し、相手の電話番号を入力して発信することで電話しましょう。なお、電話には通話料金が発生するので、長電話をする際は注意しましょう。

連絡先を設定できます

「あの人に電話をかけたいのに電話番号を忘れちゃった…」といったことはありませんか？　こうしたことがないように、あらかじめ家族や友だちの電話番号をスマートフォンに登録しておきましょう。連絡帳アプリ（電話帳アプリ）を使えば、相手の名前と電話番号を登録することができます。また、連絡帳アプリから直接電話をかけることもできるので、いちいち電話アプリを起動し直す必要はありません。さらに、連絡帳アプリにはメールアドレスも登録できるので、メールを活用する際にも役立つでしょう。

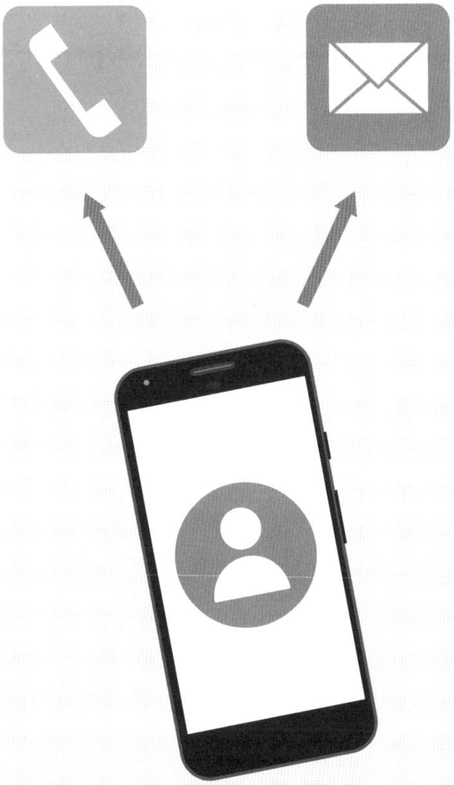

レッスン 26

電話をかけてみよう

スマートフォンで電話をかけてみましょう。電話は電話アプリから行います。通話中に表示される画面についても覚えましょう。

ここでの操作 → タップ
→P.032

1 電話アプリを開きます

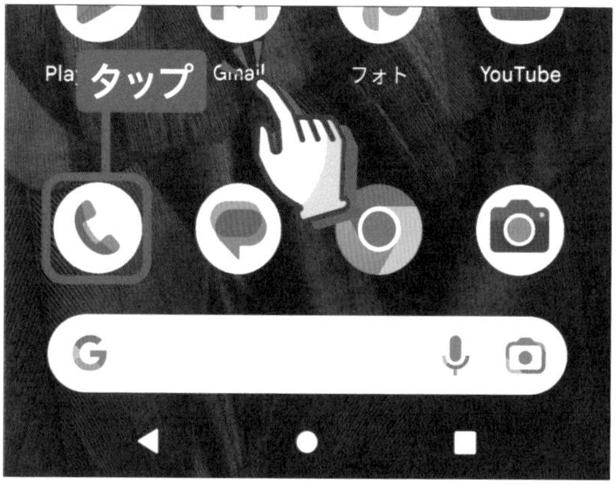

ホーム画面を表示します。

📞を タップします。

アドバイス

端末によってアイコンのデザインが異なりますが、電話の形をしたアイコンをタップしましょう。

電話アプリが起動します。

アドバイス

端末によって電話アプリの画面が異なりますが、基本的な操作は同じです。

アドバイス

楽天モバイルの場合は、Rakuten Linkアプリから電話をかけることで国内通話が無料になります。

② 番号を入力するキーパッドを開きます

[アイコン]を タップします。

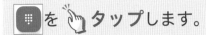

③ 電話番号を入力して電話をかけます

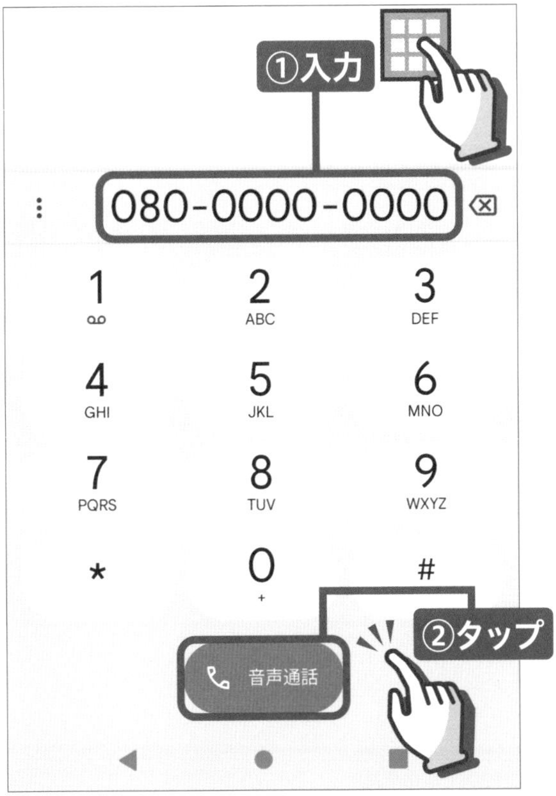

キーパッド画面が表示されます。

キーパッドを
タップして、
相手の電話番号を
入力します。

入力したら
音声通話 を
タップします。

次のページへ

4 発信され、相手が出たら通話します

電話が発信されます。
相手が出たら、
そのまま通話がはじまります。

5 通話が終わったら終了します

通話中は経過時間が
表示されます。

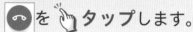

通話が終わったら、
を タップします。

ホームキーをタップして、
電話アプリを閉じます。

ヒント 通話中にできる操作

通話中の画面では、それぞれの項目をタップすることでさまざまな操作を行うことができます。

❶ミュート

こちらの声をミュートして、相手に聞こえないようにすることができます。

❷キーパッド

キーパッド画面を表示して、数字や記号などを入力することができます。

❸スピーカー

通話をスピーカーモードに変更できます。

❹通話を追加

通話相手を追加することができます。

❺保留

通話を保留にすることができます。

ヒント スピーカーモードで通話をする

スピーカーモードにすると、スマートフォンの受話口を耳に当てなくても、スマートフォンのスピーカーから相手の通話の音声が聞こえるようになります。両手が塞がっているときなどに使うとよいでしょう。

終わり

レッスン 27

電話を受けてみよう

電話のかけ方を覚えたら、次は相手からの電話を受ける方法を覚えましょう。電話はスリープモードでも受けることができます。

ここでの操作 ⇒ タップ →P.032 スワイプ →P.034

ホーム画面で電話を受けます

ホーム画面で電話を受けると、画面上に通知が表示されます。

応答 を タップして、通話を開始します。

アドバイス

端末によって表示が異なりますが、「電話に出る」項目をタップするか、スワイプしましょう。

通話が開始されます。

通話を終了する場合は、 を タップします。

スリープモードで電話を受けます

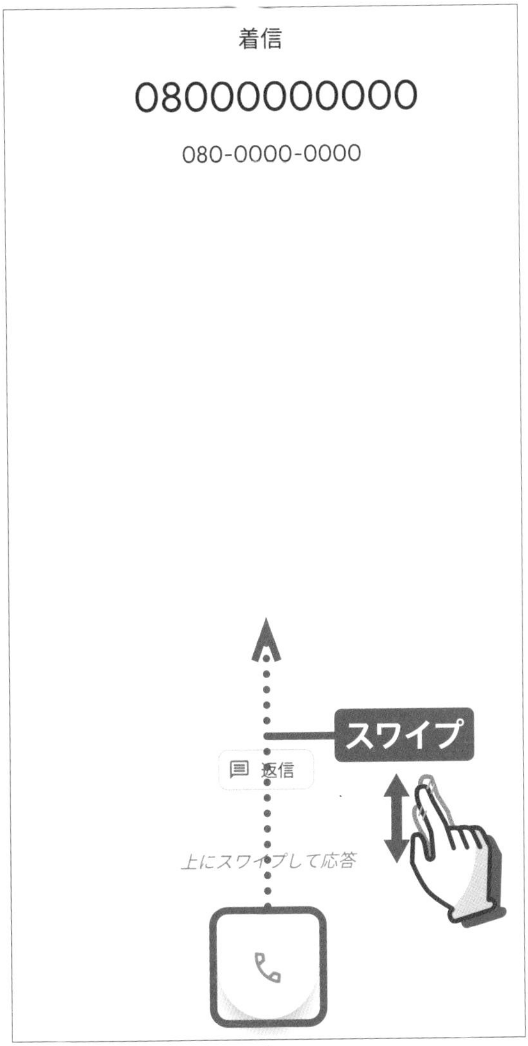

スリープモードで
電話を受けると、
ディスプレイが
着信画面になります。

![phone]を上方向に
スワイプします。

通話が開始されます。

通話を終了する場合は、
![end]を**タップ**します。

終わり

レッスン 28

通話の音量を調節しよう

通話中に相手の声が聞こえない、などといった場合は音量を調節しましょう。音量は音量ボタンで調節ができます。

ここでの 操作 ドラッグ →P.033

1 通話中に音量ボタンを押します

通話中に
端末横の音量ボタンを
押します。

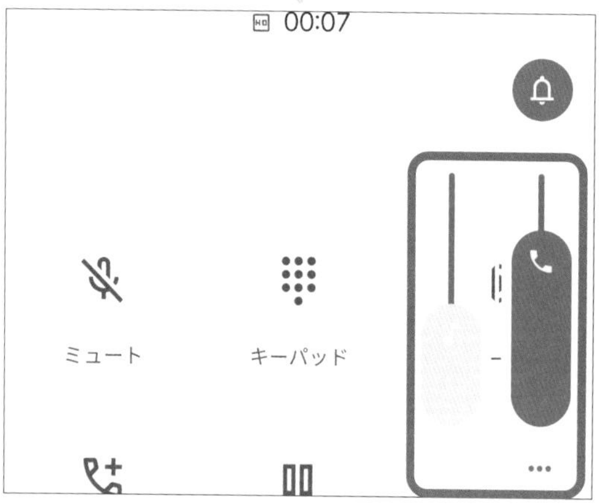

画面に音量の
メニューが表示されます。

アドバイス

端末の音量ボタンだけで調整はできるので、メニューは音量の大きさの目安として確認するのに使うとよいでしょう。

2 音量ボタンで相手の声を調整します

音量ボタンの上を押すと
相手からの通話音声が
大きくなり、
音量ボタンの下を押すと
相手からの通話音声が
小さくなります。

ヒント 音量のメニューから通話の音量を調節する

通話中でなくても、音量のメニューから通話の音量を変更することができます。通話中に相手の声が聞き取りづらく、音量ボタンで極端に大きくしたあとなどに、元の大きさに戻すのに使うとよいでしょう。
端末横の音量ボタンを押して音量のメニューを表示し、…をタップすると、着信音とバイブレーション画面が表示されるので、「通話の音量」のスライダーの●を左右にドラッグして設定します。
また、P.110～111を参考に、音の設定画面を表示して、「通話の音量」のスライダーの●を左右にドラッグすることでも調整可能です。

終わり

レッスン 29

連絡先を登録して、電話をかけよう

電話をかける際は、あらかじめ相手の連絡先をスマートフォンに登録しておくと非常に便利です。連絡帳アプリから電話をかけられます。

ここでの操作 タップ →P.032 スワイプ →P.034

1 連絡帳アプリを開きます

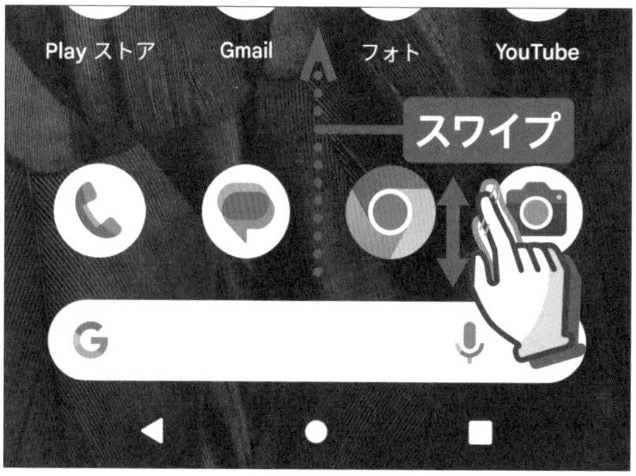

ホーム画面を上方向にスワイプします。

アドバイス

ドコモのホーム画面（P.42参照）を使っている場合は、アプリフォルダーをタップします。

アプリ一覧画面が開きます。

（連絡帳）をタップします。

アドバイス

端末によっては、「電話帳」や「連絡先」という項目をタップしましょう。

②連絡先を入力します

連絡帳アプリが起動します。

＋ を タップします。

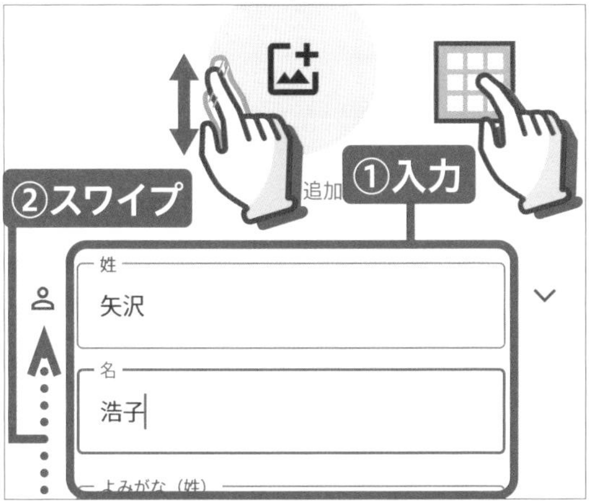

連絡先の作成画面が
表示されます。

登録したい相手の名前を
入力します。

上方向に スワイプして、
画面下を表示します。

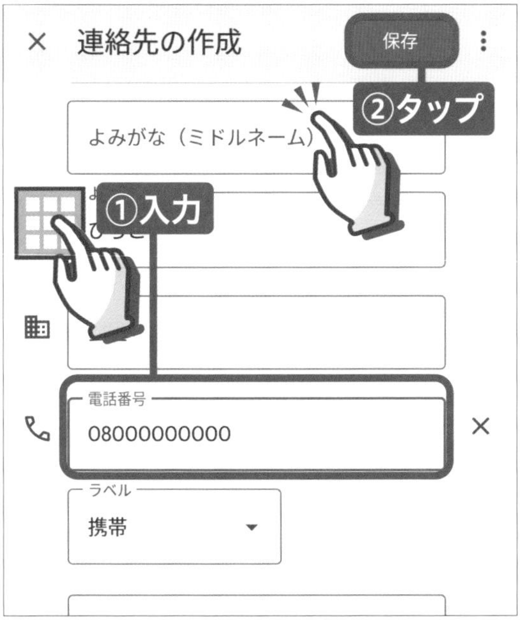

電話番号を 入力します。

入力が完了したら、
保存 を タップします。

アドバイス

そのほかにも、会社名やメールアドレスなどを入力することもできます。

次のページへ

③ 入力を確認して戻ります

連絡先の作成が完了します。

←を タップして、
連絡帳アプリの
最初の画面に戻ります。

アドバイス

をタップすると、連絡先を編集・修正することができます。

④ 電話をかける相手を選択します

連絡帳アプリの連絡先一覧から、

電話をかけたい相手の名前を
タップします。

5 相手に電話をかけます

（通話）を

タップして、

相手に電話をかけます。

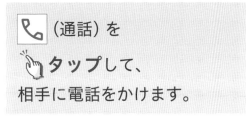

通話が終わったら
電話を切ります（P.122参照）。

ヒント 連絡先は電話アプリからも利用できる

連絡帳アプリで登録した連絡先は、電話アプリの「連絡先」タブからも利用できます。
電話アプリを起動し、（連絡先）をタップすると、登録した連絡先が一覧で表示されます。通話したい相手をタップし、（通話）をタップすることで、電話をかけることができます。

終わり

レッスン 30

不在着信から電話をかけ直そう

どうしても電話に出られなかったときや、気がつかなかったときは、不在着信から電話をかけ直しましょう。

ここでの操作 → タップ →P.032　スワイプ →P.034

1 不在着信の通知を確認します

不在着信があると、ステータスバーに不在着信のアイコン（）が表示され、電話アプリのアイコンに通知ドットが付きます。ロック画面にも不在着信の通知メッセージが表示されています。

2 ステータスパネルを開きます

ステータスバーを下方向に**スワイプ**します。

③ 不在着信からかけ直します

不在着信の通知から、かけ直すをタップします。

アドバイス

通知に「かけ直す」が表示されていないときは、⌄をクリックして表示できます。

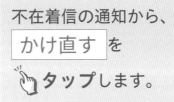

相手に電話が発信されます。

ヒント すぐに電話をかけ直せないときは？

電車内など、すぐに電話をかけ直せない状況の場合は、メッセージ（P.142参照）で返信することができます。
不在着信の通知のメッセージをタップすると、メッセージアプリが起動します。

終わり

レッスン 31

履歴から電話をかけよう

不在着信や過去に電話をしたことがある相手に電話をかける場合は、連絡帳からではなく履歴からも簡単に電話をかけることができます。

ここでの操作 ⇒ タップ →P.032

1 電話アプリの履歴を開きます

P.120を参考に
電話アプリを起動します。

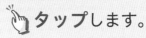

（履歴）を

タップします。

アドバイス

不在着信があった場合は、「履歴」のボタンに通知ドットの数字が入っています。

② 履歴一覧から電話をかけます

履歴が一覧で表示されます。

電話をかけたい相手の📞をタップします。

相手に電話が発信されます。

ヒント 履歴からできること

履歴の一覧画面で、相手の名前をタップすると、下にメニューが表示されます。「ビデオ通話」ではビデオ通話を、「メッセージ」ではメッセージアプリでメッセージの送信を、「履歴を開く」ではこの相手との過去の履歴を確認することができます。なお、連絡先に登録のない相手からの着信の場合は、履歴の一覧画面に電話番号が表示され、電話番号をタップすると、「ビデオ通話」ではなく「連絡先に追加」が表示されます。

終わり

ステップアップ

Q. 自分の電話番号ってどこで確認できるの？

A. 設定アプリから確認できます

「自分の電話番号を確認したい」という場合、電話アプリや連絡帳アプリからでは確認することができません。確認したい場合は設定アプリから確認を行います。P.80を参考に設定アプリを起動し、「デバイス情報（端末情報）」の項目をタップすると、自分の端末の情報が表示されます。「電話番号」の項目に自分の電話番号が表示されているので、確認しましょう。

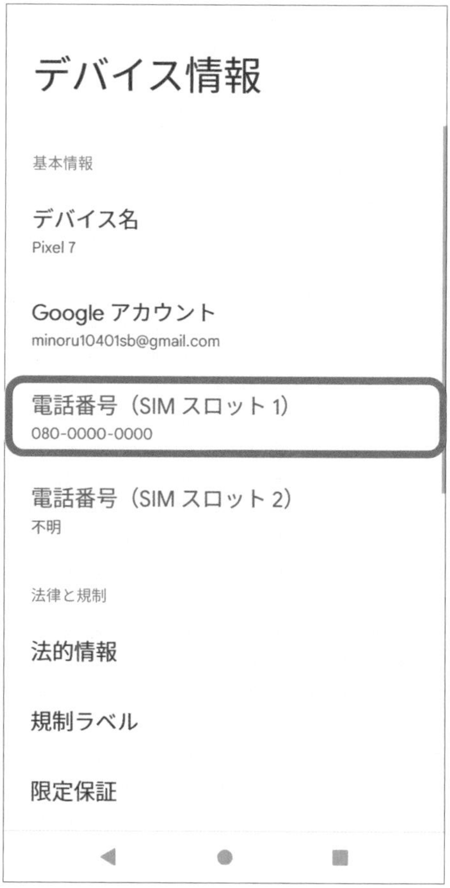

ステップアップ

Q. 留守番電話サービスを使いたい！

A. 各キャリアのサービスを使いましょう

一部の端末では伝言メモや簡易留守録の名前で留守番電話の機能を本体に搭載していますが、多くの機種では留守番電話の機能がありません。そこで、各キャリアが提供しているサービスを利用しましょう。基本的には留守番電話サービスは有料です。留守番電話サービスを利用する場合は、Webサイトやスマートフォンから申し込みすることもできますが、難しい場合は各キャリアの店頭で設定してもらうとよいでしょう。また、最初にスマートフォンを購入する際に、店頭スタッフに「留守番電話サービスも付けてください」と頼むと、最初から機能を追加してくれます。詳しいサービス内容は、各キャリアのホームページや店頭で確認してください。

	ドコモ	au	ソフトバンク	楽天モバイル
サービス名	留守番電話サービス	お留守番サービスEX	留守番電話プラス	留守番電話
録音時間	最長3分	最長3分	最長3分	最長3分
保存件数	最大20件	最大99件	最大100件	最大100件
保存期間	72時間	1週間	1週間	1週間
月額料金	300円（税抜）	300円（税抜）	300円（税抜）	無料（Rakuten Linkアプリ利用の場合）

※ソフトバンクには無料のプランもあります。
※2023年4月現在での情報です。

ステップアップ

Q. 知らない番号から電話が来たので着信拒否したい！

A. 着信拒否やブロック設定をしましょう

「知らない番号から電話がかかってきたけどどうしたらいいの？」といったことはありませんか？　このような場合は無理に電話に出たり、かけ直す必要はありません。「またかかってくるかもしれない」と不安であるのならば、着信拒否をしてしまいましょう。

着信拒否をするには、電話アプリを起動して、履歴画面を表示します（P.134参照）。拒否したい番号をロングタッチして表示されるメニューから、「着信拒否」「ブロック」「迷惑電話」などの項目をタップしましょう。その番号からの着信は受け取らなくなり、通知も残りません。

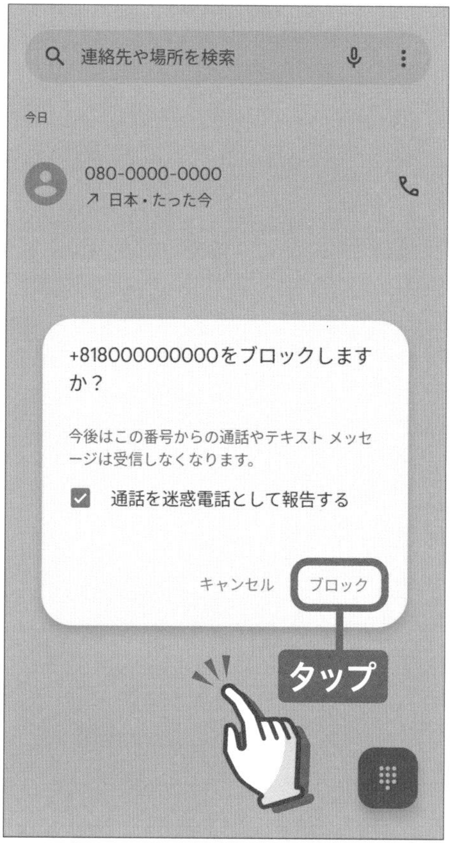

5章

メッセージやメールを使ってみよう

レッスンをはじめる前に

電話番号でメッセージが送受信できます

スマートフォン同士でメールアドレスを使わずに電話番号でメッセージ（SMS、ショートメッセージサービス）をやり取りすることができます。メッセージアプリまたは＋メッセージアプリを使います。なお、メッセージアプリの場合は、1文字あたりの送信料金がかかり、各キャリアで値段も異なります。そこまで高い料金ではありませんが、事前に確認しておくとよいでしょう。また、やり取りできる文字数の制限も、別のキャリア宛には70文字程度までと厳しくなります。

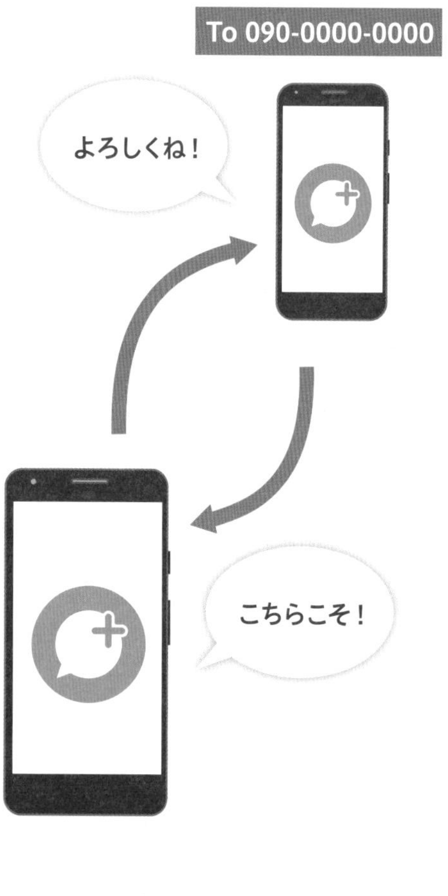

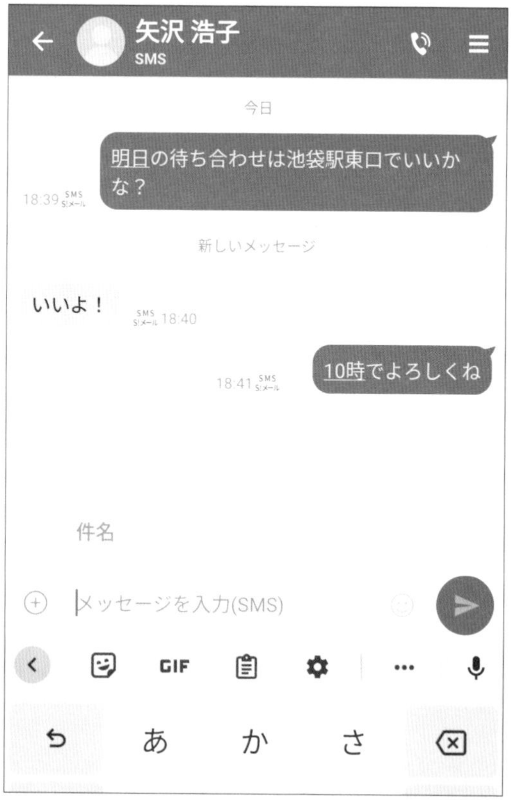

＋メッセージアプリの画面

メールが使えます

3章でGoogleアカウントを作成した際に、**Gmailのメールアドレス**をアカウント名として作成しています。Gmailはグーグルのメールサービスです。このメールアドレスを使って、スマートフォン同士だけでなくパソコンなどとも**メール**のやり取りができます。**Gmailアプリ**では、メールに写真を添付して送信・受信して楽しむことができます。なお、ドコモやau、ソフトバンク、楽天モバイルのキャリアメールについては付録の各社のサービス解説を参照してください。

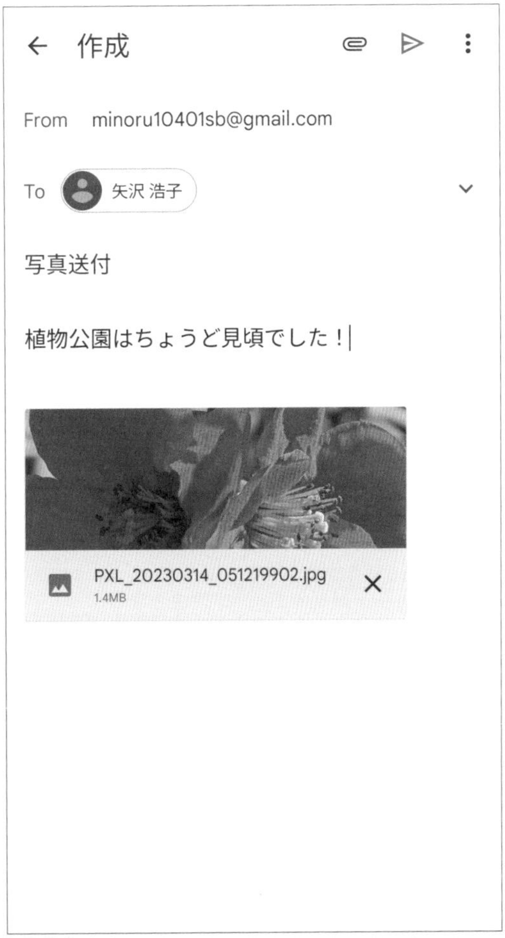

Gmailアプリのメール作成画面

レッスン 32

メッセージを使ってみよう

ドコモ、au、ソフトバンクのキャリア3社でSMS（ショートメッセージサービス）をやり取りする場合、＋メッセージアプリを利用できます。

ここでの操作 ⇒ タップ
→P.032

メッセージと＋メッセージについて

ドコモ、au、ソフトバンクのキャリア3社とその回線を利用している格安SIMのスマートフォンを利用している場合、SMSを送受信できるアプリは、メッセージアプリと＋メッセージアプリの2つが利用できます。メッセージアプリと＋メッセージアプリの違いは、やり取りできるメディアや文字数です。メッセージアプリでは、70文字程度のテキストしか送ることができませんが、＋メッセージアプリでは、2,730文字までのテキストに加え、写真やスタンプ画像の送受信が可能です。
なお、楽天モバイルは、＋メッセージアプリに対応していません。そのため、相手の環境が楽天モバイルのときは、70文字以内の短いメッセージでやり取りをしましょう。また、楽天モバイルの場合は、Rakuten Linkアプリで SMSの送受信を行うと料金が無料になりますが、メッセージアプリで送受信をすると送信料金が発生するので注意が必要です。

＋メッセージアプリのアイコン

ドコモ、au

ソフトバンク

メッセージアプリのアイコン

1 +メッセージアプリを起動します

P.49を参考に
アプリ一覧画面を表示します。

(+メッセージ)を
タップします。

アドバイス

ドコモやauのスマートフォンでは、(+メッセージ)をタップします。

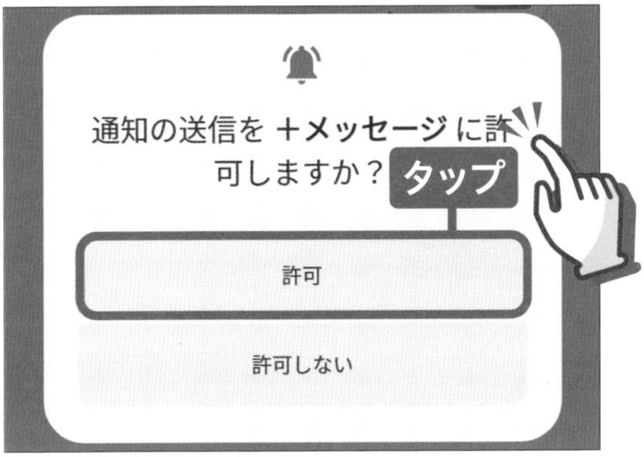

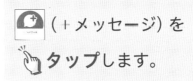

通知の許可画面が表示されます。

許可 をタップします。

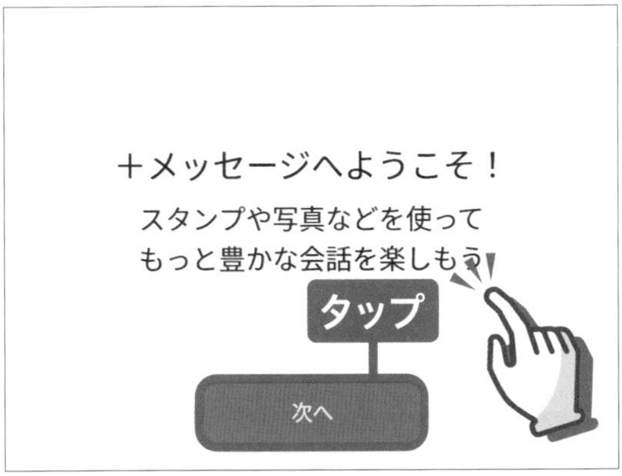

+メッセージアプリが
起動します。
初回起動時は
設定画面が表示されます。

次へ をタップして、
画面の指示にしたがって
設定を進めます。

次のページへ

②新しいメッセージを作成します

初期設定ができたら
アプリの画面が表示されます。

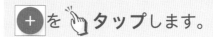

＋を タップします。

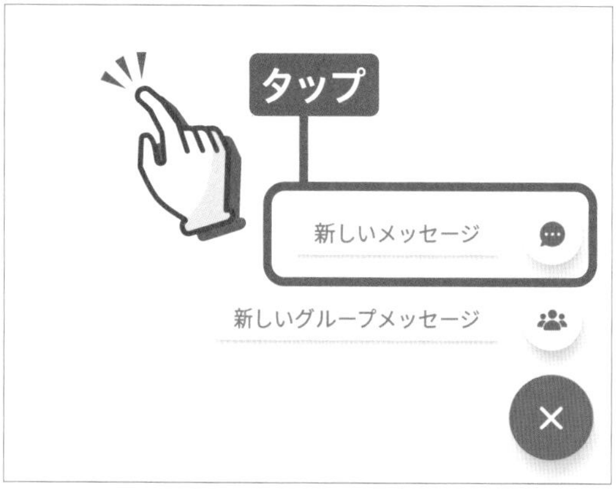

新しいメッセージ を

タップします。

③送信相手を選択します

メッセージを送信したい
相手を タップします。

アドバイス

連絡帳に登録した相手が選択できます。入力ボックスに、直接相手の電話番号を入力することもできます。

4 メッセージを入力します

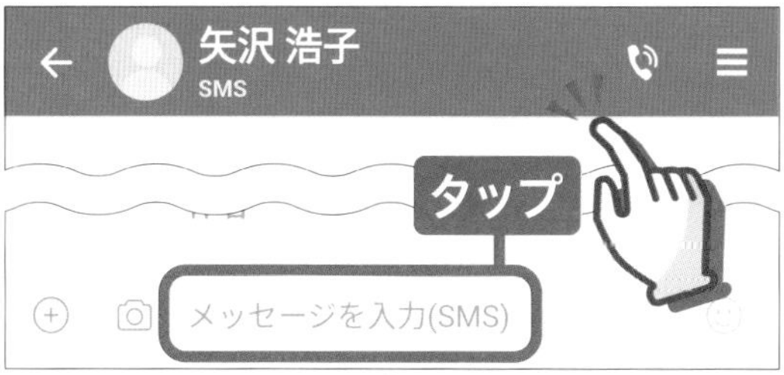

メッセージを入力(SMS) を タップします。

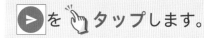

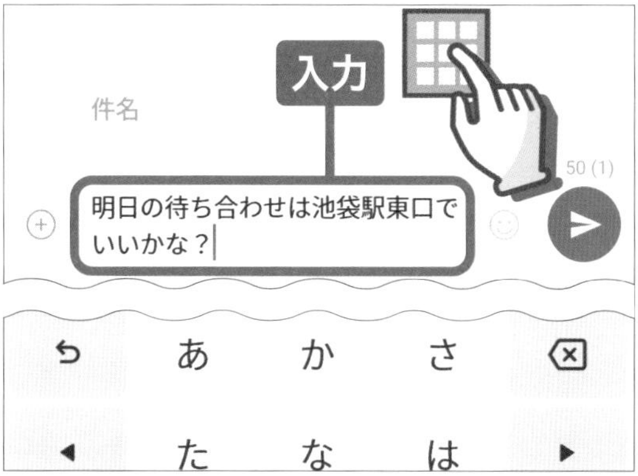

メッセージを
入力します。

5 メッセージを送信します

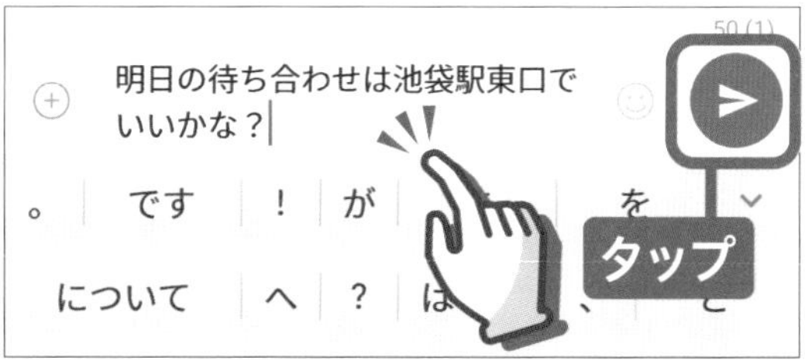

を タップします。

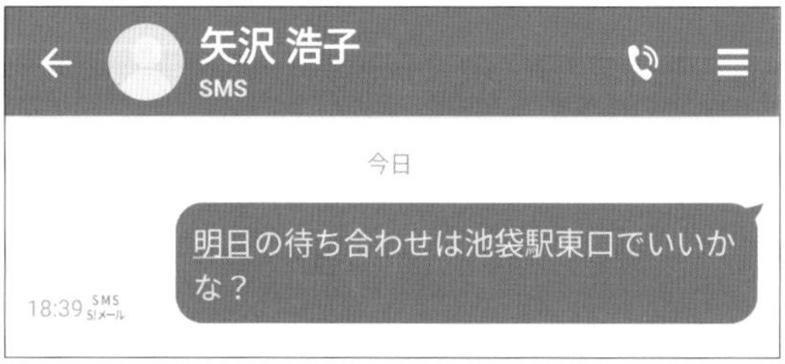

相手にメッセージが
送信されます。

次のページへ

6 メッセージを受信した通知を確認します

相手からメッセージが届くと、ホーム画面に通知が表示され、ステータスバーに+メッセージの通知アイコンが表示されます。

アドバイス

ホーム画面の通知の表示にある返信をタップすると、返信の入力画面で+メッセージが開きます。

7 受信相手のメッセージを開きます

P.143を参考に、+メッセージアプリを起動します。

受信した相手のメッセージをタップします。

アドバイス

+メッセージアプリでは、やり取りするメッセージ内容が相手（宛先）ごとにまとめられます。連絡帳に登録している相手は名前で一覧表示されていきます。連絡帳に登録していない相手は、一覧に電話番号が表示されます。

8 返信内容を入力して送信します

返信のメッセージを入力します。

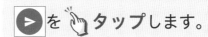

をタップします。

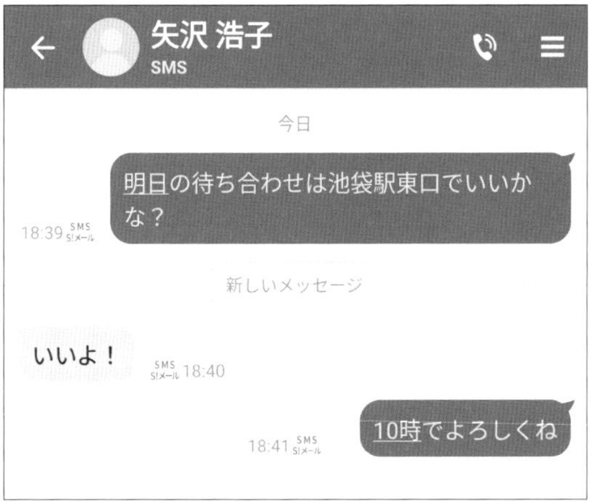

相手にメッセージが送信されます。

アドバイス

＋メッセージアプリでのメッセージのやり取りは、相手ごとにまとめられ、画面左側に相手のメッセージ、右側に自分のメッセージが表示されます。日付や時間なども表示されます。

ヒント メッセージアプリやRakuten Linkアプリでの送受信と表示

Android端末に標準でインストールされているメッセージアプリや楽天モバイルのRakuten Linkアプリも、操作は＋メッセージと同じようになります。画面のメッセージの表示もほぼ同じようになっています。

終わり

レッスン 33

Gmailでメールを使ってみよう

Gmailアプリでメールを送受信してみましょう。
メールの作成や受信したメールの返信方法を紹介します。

ここでの操作 タップ →P.032

Gmailアプリの画面の見方

グーグルのメールサービスであるGmailを利用するには、Gmailアプリを使います。P.83からの操作で作成したGoogleアカウントは、Gmailのメールアドレスにもなっていますので、すぐに利用できます。

❶メニュー
タップするとメールの仕分けや設定ができるメニューが表示されます。

❷メールを検索
件名や内容、相手の名前などからメールを検索することができます。

❸Googleアカウント
Googleアカウントの管理ができます。

❹メール一覧
受信したメールが一覧で表示されます。

❺メール作成
タップするとメール作成画面が表示されます。

1 Gmailアプリを起動します

P.49を参考に
アプリ一覧画面を表示します。

(Gmail)を
タップします。

Gmailアプリが起動します。

アドバイス

初回起動時は、設定画面が表示されます。P.86で作成したメールアドレスが表示されていることを確認して、設定を進めましょう。

ヒント メニューでできること

Gmailアプリの左上の≡をタップするとメニューが表示されます。「送信済み」や「迷惑メール」などの表示に切り替えたり、メールアカウントを追加できる設定画面（P.158参照）を開いたりできます。

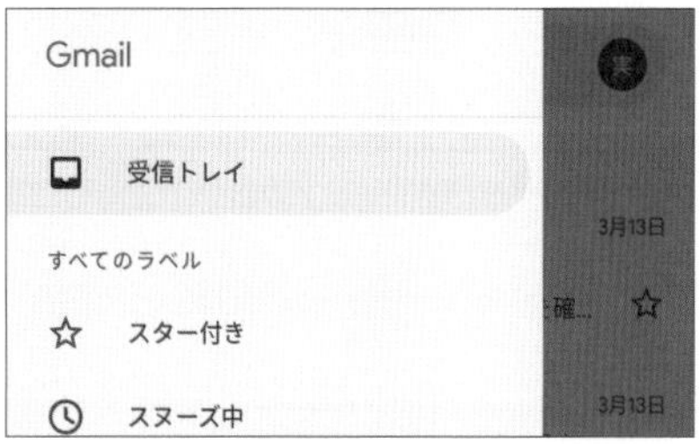

2 メール作成画面を表示します

Gmailアプリの画面下の 作成 を タップします。

3 相手のメールアドレスを入力します

メール作成画面が表示されます。

To と表示されている
欄を タップして、
相手のメールアドレスを
入力します。

4 件名と本文を入力します

件名の欄に、メールの件名を入力します。

メールを作成の欄に、メールの本文を入力します。

5 メールを送信します

▷をタップします

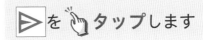

メールが送信され、
最初の画面に戻ります。

次のページへ

6 メールを受信した通知を確認します

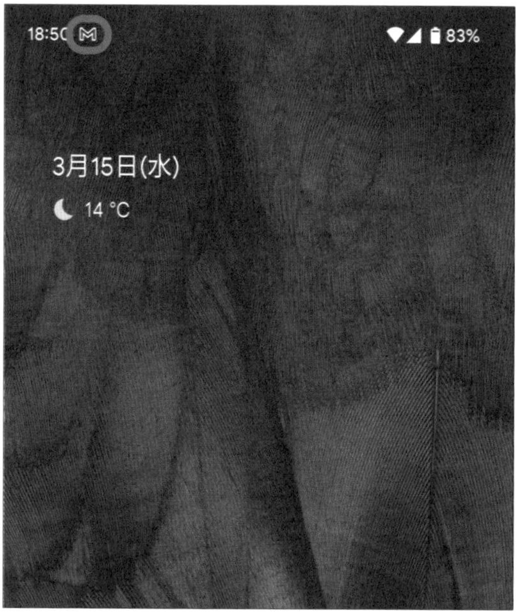

メールを受信した通知を確認します。
新しいメールを受信すると、ロック画面やホーム画面に通知メッセージが表示されたり、ステータスバーにGmailアプリの通知アイコン（M）が表示されたりします。

7 受信したメールを開きます

P.149を参考にGmailアプリを起動します。

受信したメールをタップします。

アドバイス

受信したメールはメイン画面に一覧表示されます。標準設定では、新しいメールが上に表示されます。

8 開いたメールに返信します

受信したメールが開きます。

返信をする場合は 返信 をタップします。

アドバイス

転送 をタップすると、メールを別の人に転送することができます。

9 返信内容を入力して送信します

メール作成画面が表示されます。

メールの本文を入力します。

送信ボタンをタップして送信します。

アドバイス

返信の場合、元の件名の前に「Re:」が自動的に入ります。転送の場合には「Fw:」が入ります。

終わり

レッスン 34

写真を送ってみよう

Gmailアプリで、メールに写真を添付して送ってみましょう。
写真のほかにも動画を送ることもできます。

ここでの操作 ⇒ タップ →P.032 スワイプ →P.034

1 メールにファイルを添付します

P.149～150を参考に
Gmailアプリを起動して、
メール作成画面を表示し、
送信先を入力しておきます。

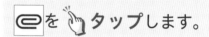

📎を タップします。

ファイルを添付 を
タップします。

②添付写真を選択します

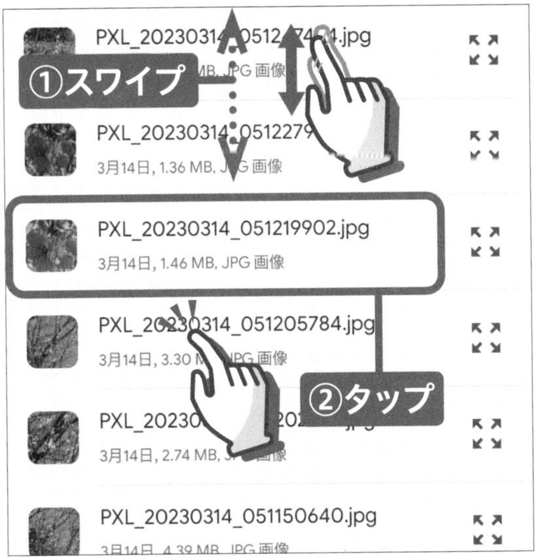

スマートフォンに保存している写真ファイルが一覧表示されます。

上下に スワイプして写真を探します。

送信したい写真を タップします。

③メールを送信します

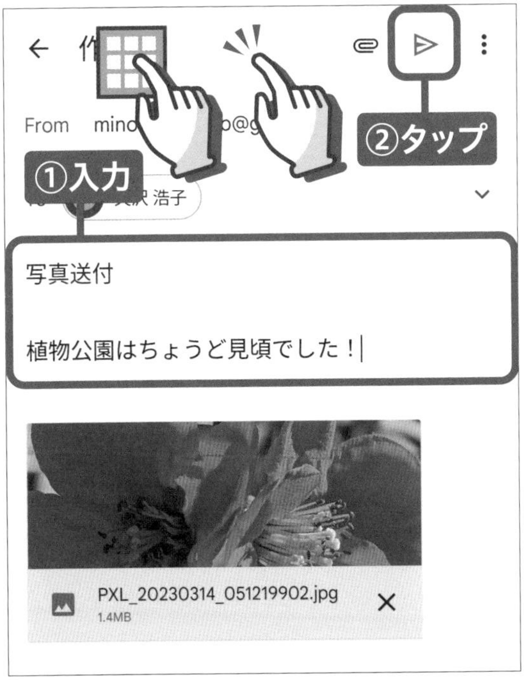

選択した写真が本文の下に入ります。

メールの件名と本文を 入力します。

を タップして送信します。

アドバイス

写真や動画を送る場合、サイズが大きいものは、Wi-Fi環境に接続した状態で送りましょう（P.96参照）。

終わり

レッスン 35

送られてきた写真を保存しよう

友だちからメールで送られてきた写真は、自分のスマートフォンに保存することができます。

ここでの 操作 ⇒ タップ →P.032

1 受信したメールの写真を選択します

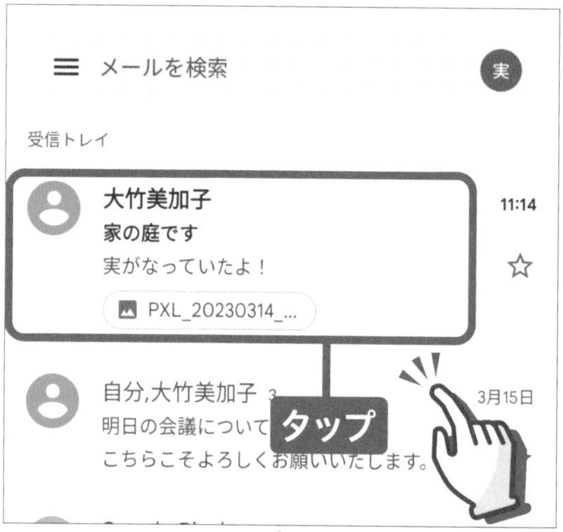

P.149を参考に
Gmailアプリを起動します。

受信した写真付きのメールをタップします。

アドバイス

メールに写真が添付されている場合は、一覧表示に PXL_20230314_... のようなファイル名が表示されます。

受信したメールが開きます。

写真をタップします。

② 写真表示の ⋮ をタップします

写真が大きく表示されます。

画面上部の ⋮ を
タップして、
メニューを表示します。

③ 写真を保存します

メニューが開いたら、

保存を タップします。

写真がスマートフォン本体に
保存されます。
保存された写真は
フォトアプリ（P.168参照）で
確認できます。

アドバイス

保存するときに、アクセス許可が
求められる場合があるので、許可
をしましょう。

終わり

ステップアップ

Q. PCメールやYahooメールを受け取るには？

A. Gmailアプリにアカウントを追加しましょう

Gmailアプリでは、Gmailだけではなく、Yahoo!メールなどのほかのメールサービスや、普段仕事で使っているPCメールのアカウントを追加して送受信できます。ほかのメールを受け取るには、Gmailアプリにメールサービスのアカウントを追加しましょう。

Gmailアプリを起動して、☰→設定をタップして設定画面を開きます。アカウントを追加するをタップして、追加したいメールサービス名をタップして設定しましょう。なお、会社やほかのメールサービスのアカウントは「その他」を選択して追加します。その場合、メールサーバーなどの指定が必要になりますので、メールサービスの提供元に確認しておくようにしましょう。

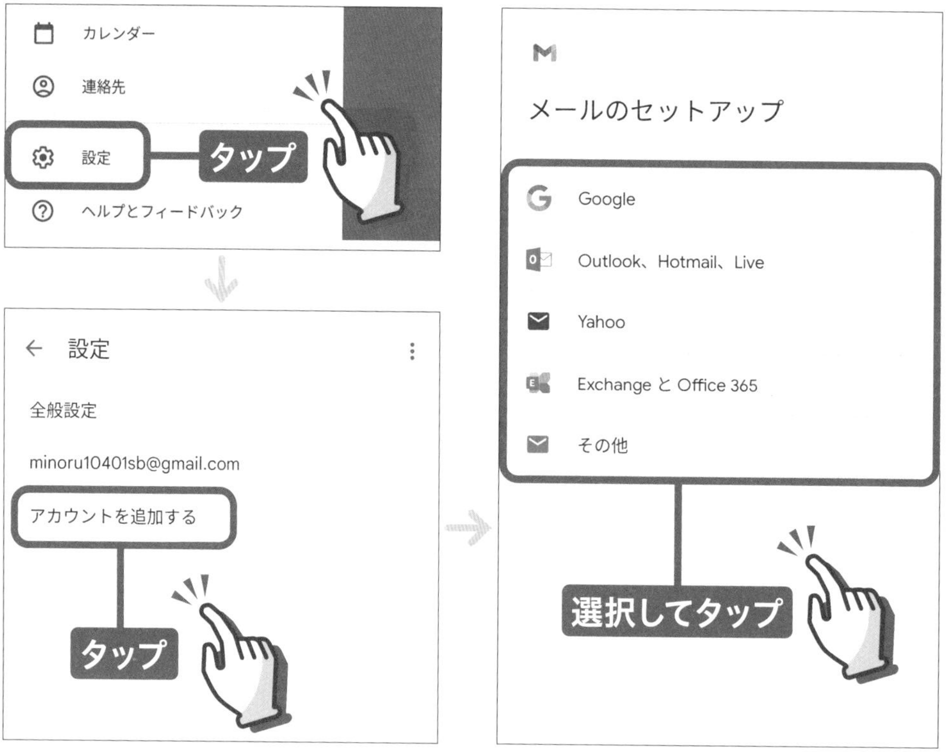

6章

写真や動画を撮影しよう

レッスンをはじめる前に

写真や動画が撮影できます

スマートフォンにはカメラが搭載されているため、写真や動画を撮影することができます。カメラアプリのシャッターボタンをタップするだけで撮影ができるので、初心者でも簡単に人物や風景などを撮影できます。
また、機種によっては、背景にボカシを入れたり、人物の撮影時に肌を綺麗に見せる機能などが搭載されていたりします。

カメラアプリ

撮影した写真はフォトアプリで閲覧できます

撮影した写真は端末に保存されます。保存された写真はフォトアプリにまとめられ、閲覧できます。写真はメールやメッセージでほかの人に送って、みんなで楽しむことができます。また、とくにお気に入りの写真はスマートフォンの壁紙に設定することで、ホーム画面やロック画面に表示することができます。

フォトアプリ

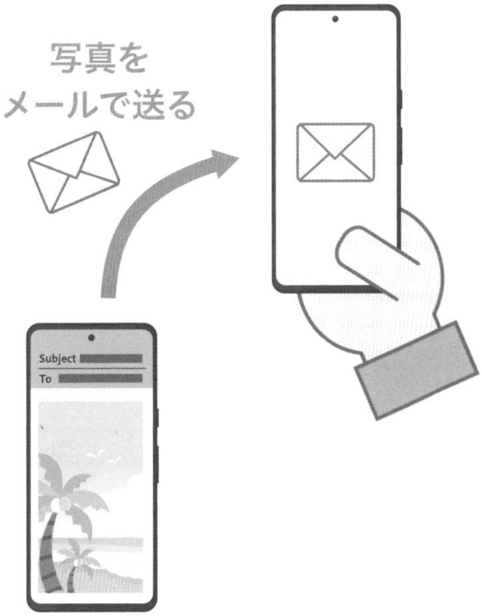

レッスン36 カメラを起動しよう

写真や動画を撮影する場合はカメラアプリを使います。
ここではカメラアプリの起動と画面の見方について確認しましょう。

ここでの操作 ⇒ タップ →P.032

カメラアプリの起動方法

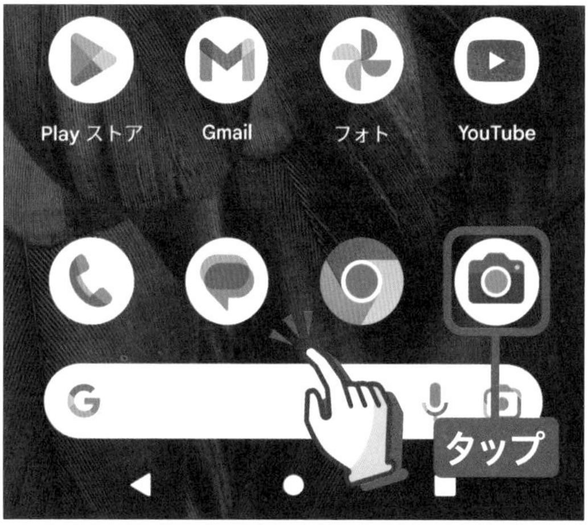

ホーム画面を表示します。

[カメラ]を タップします。

アドバイス
端末によってアイコンのデザインが異なりますが、カメラやレンズの形をしたアイコンをタップしましょう。

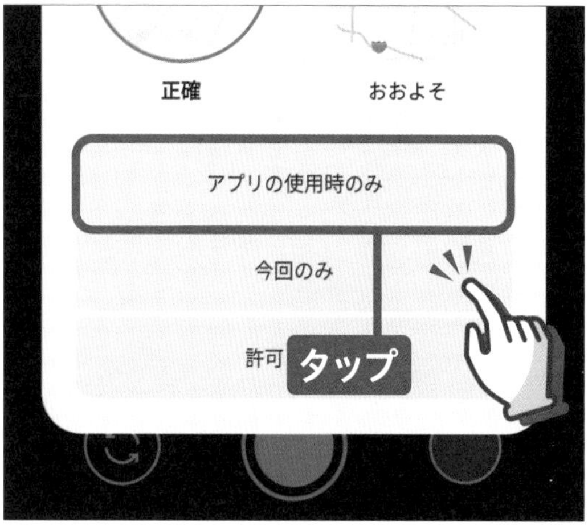

カメラアプリが起動します。
初回起動時のみ、
アクセス許可画面が
表示されます。

アプリの使用時のみ を タップし、画面の指示にしたがって操作すると、カメラ画面が表示されます。

カメラアプリの画面の見方

❶撮影範囲

画面に映っている範囲を撮影します。

❷オプションメニュー

タップすると、セルフタイマーやフラッシュ設定など、オプションメニューが表示されます。

❸ピント

タップした位置にピントが合うように設定されます。

❹カメラ切り替え

自撮りやテレビ通話用のフロントカメラと通常のリアカメラを切り替えます。

❺シャッター

タップすると、写真が撮影されます。動画の場合は、録画が開始されます。

❻サムネイル

1つ前に撮影した写真が表示されます。何も撮影していない場合はグレーで表示されます。

❼撮影モード

写真や動画など、撮影モードを切り替えます。

ヒント 機種によるカメラアプリの違い

カメラアプリのデザインや機能には、機種によって違いがありますが、基本的な操作はほぼ同じです。

終わり

レッスン 37 写真を撮ろう

カメラアプリを起動したら写真を撮影しましょう。
カメラアプリではズームや明るさを調整することもできます。

ここでの操作 ⇒ タップ →P.032 ドラッグ →P.033

1 画面を見て被写体を調整します

P.162を参考に
カメラアプリを起動します。

ピントを合わせたい位置を
タップします。

アドバイス

スマートフォンを横向きに構える
ことで、横向きの写真を撮影する
こともできます。

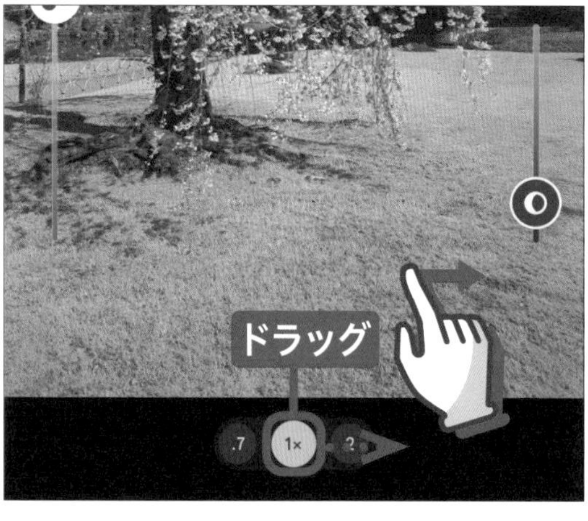

撮りたい場所に
ピントが合いました。

1× を ドラッグして、
ズームを調整します。

2 写真を撮ります

調整が完了したら
◯を タップして、
写真を撮影します。

アドバイス

撮る前に、画面を見ながらズームや明るさ調整をします。でホワイトバランス（色温度）、で明るさ、でシャドウの調整ができます。ズームなどの調整は機種やアプリで少し違いがあります。

撮影が完了すると、
写真のサムネイルが
表示されます。

アドバイス

サムネイルが表示されない機種もあります。

ヒント 自撮り

カメラアプリのをタップするとフロントカメラに切り替わり、自撮りを行うことができます。撮影方法は同じです。

終わり

レッスン

38 動画を撮ろう

カメラアプリでは写真だけではなく、動画（ビデオ）を撮影することもできます。撮影モードを切り替えて録画しましょう。

ここでの操作 ⇒ タップ

→P.032

1 動画モードに切り替えて撮影します

P.162を参考に
カメラアプリを起動します。

動画 を タップします。

アドバイス

機種によっては、文字ではなくビデオカメラのアイコンをタップします。

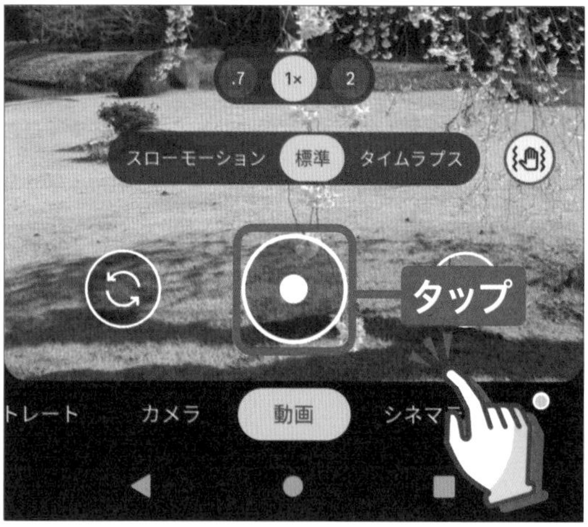

撮影モードが
動画に切り替わります。

● を タップすると、
動画の録画が開始されます。

2 録画を終了して保存します

録画がはじまります。

をタップして、
録画を終了します。

録画を終了すると、
動画が端末に保存されます。

アドバイス

動画では録画を終了するたびに、新しいファイルとして保存されます。また、長時間の動画はデータサイズが大きくなりますので、端末の記憶容量に注意してください。

アドバイス

動画の撮影中にをタップすると、動画撮影と同時に写真を撮ることができます。

ヒント 録画の一時停止

動画の録画中にをタップすると、録画を一時停止できます。をタップすると、録画が再開されます。一時停止の場合は、1つのファイルとして保存されます。なお、一時停止機能がない端末もあります。

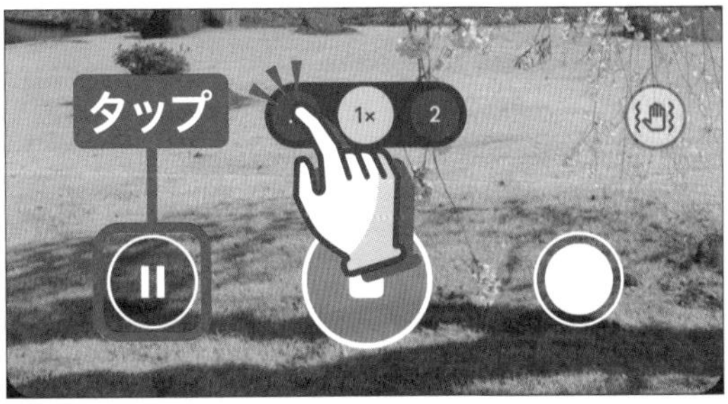

終わり

レッスン 39

撮影した写真や動画を閲覧しよう

カメラアプリで撮影した写真や動画は、フォトアプリ（Googleフォト）で閲覧することができます。

ここでの操作 ⇒ タップ →P.032 スワイプ →P.034

1 フォトアプリを起動します

P.49を参考に
アプリ一覧画面を表示します。

（フォト）を
タップします。

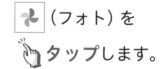

2 写真と動画へのアクセスを許可します

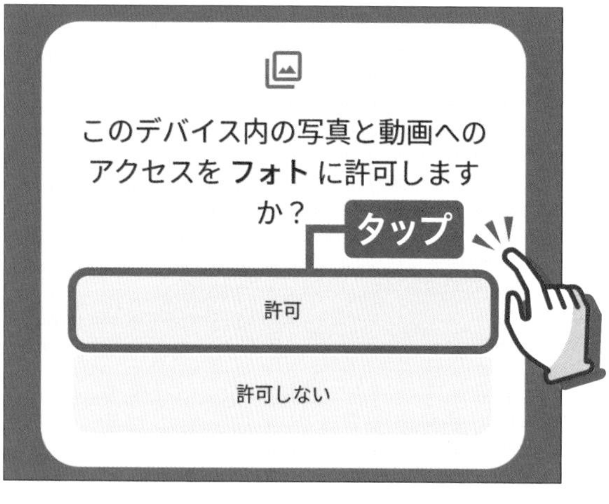

フォトアプリが起動します。
初回起動時のみ、
写真と動画へのアクセスの許可
画面が表示されます。

許可 を タップします。

3 バックアップの設定を確認します

初回起動時のみ、
バックアップの設定画面が
表示されます。

バックアップをオンにする を
タップします。

アドバイス

写真や動画をGoogleアカウントにバックアップしない場合は、バックアップしない をタップします。
なお、バックアップのオン／オフは、フォトアプリ内（P.177参照）や設定アプリで切り替えることができます（P.93の上のヒント参照）。

4 閲覧したい写真をタップします

フォトアプリが開き、
写真のサムネイルが
一覧表示されます。

閲覧したい写真を
タップします。

次のページへ

5 写真の表示から一覧に戻ります

写真が画面に表示され、
閲覧することができます。

画面左上の←を
タップして
一覧画面に戻ります。

6 閲覧する動画を選択します

写真一覧画面に戻ります。

閲覧したい動画を
タップします。

動画のサムネイルには、総再生時間と▶が表示されています。

7 動画の再生をコントロールします

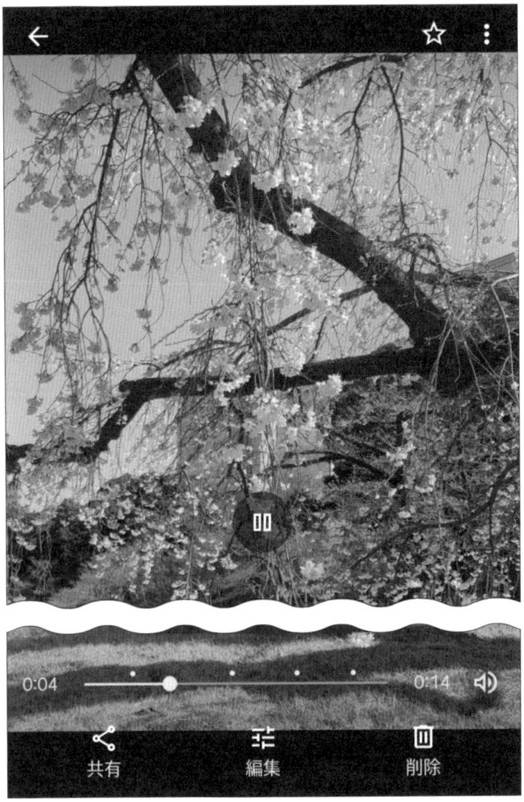

画面に動画が表示され、
動画が自動再生されます。

アドバイス

再生中に画面をタップすると、再生停止ができる Ⅱ（一時停止）ボタンが表示されます。一時停止中には ▷（再生）ボタンが表示されます。また、画面下のスライダーで再生位置を指定できます。

ヒント 写真や動画をmicro SDカードに保存する

スマートフォンにmicro SDカードをセットすると、micro SDカードに写真や動画を保存できるようになります。端末の記憶容量が少ない場合に利用するとよいでしょう。保存方法は端末によって異なるので、取扱説明書や各メーカーのホームページを参照してください。一部端末ではmicro SDカードをセットできないので注意しましょう。

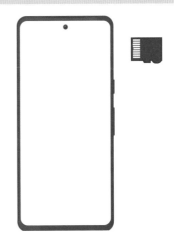

終わり

レッスン

40 写真をメールで送ろう

カメラアプリで撮影した写真をメールで送りましょう。ここでは、フォトアプリからメールアプリを呼び出して送る方法を解説します。

ここでの操作 ⇒ タップ →P.032 スワイプ →P.034

1 送る写真を共有設定します

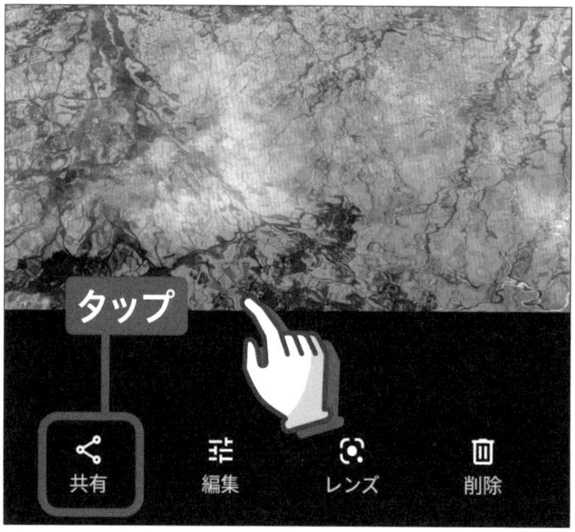

P.168からを参考に、
送りたい写真を表示します。

画面下の（共有）をタップします。

アドバイス

送信に共有機能の一部を使うため、をタップしています。

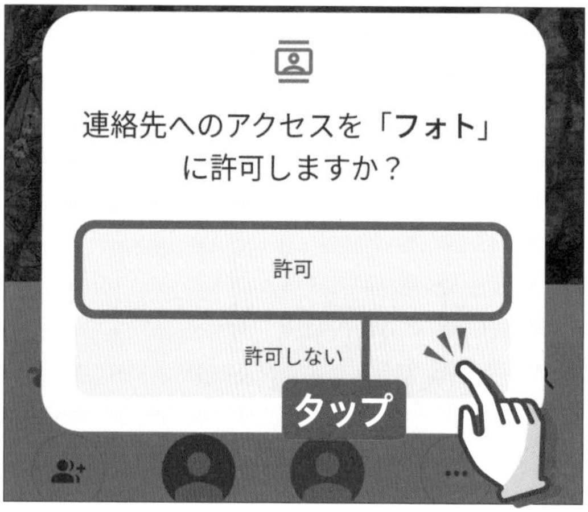

初回時のみ、
アクセス許可を求められます。

許可 をタップします。

アドバイス

共有機能の一部を使うために、フォトアプリから連絡先へのアクセスの許可が求められています。

② 写真を送るアプリを選択します

写真を送るアプリを選択します。

ここでは（Gmail）をタップします。

アドバイス

Gmailアプリが表示されていない場合は、…（その他）をタップして、Gmailアプリをタップします。また、Gmailアプリ以外にも＋メッセージアプリやLINEなどで写真を送ることができます。

③ メールを作成し、送信します

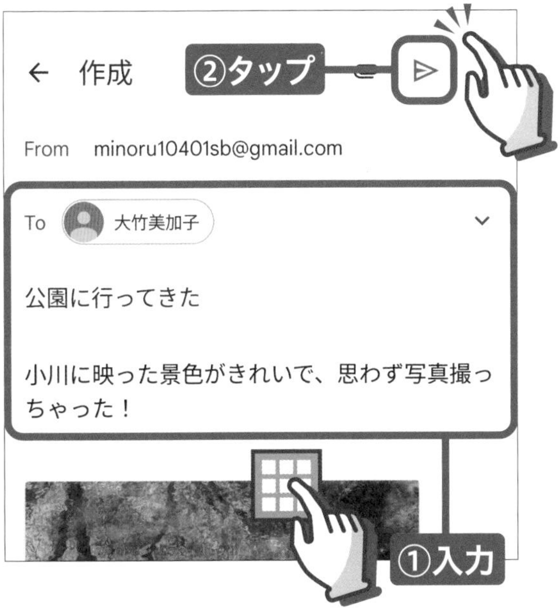

写真が添付された状態で、Gmailのメール作成画面が表示されます。

P.150からを参考にして、宛先、件名、本文を入力します。

をタップして送信します。

終わり

レッスン 41

写真を壁紙に設定しよう

お気に入りの写真は壁紙に設定して楽しめます。
壁紙とは、ホーム画面やロック画面に表示される背景写真のことです。

ここでの操作 ⇒ タップ →P.032

1 壁紙にする写真を表示します

P.168からを参考に、フォトアプリで壁紙にしたい写真を表示します。

画面右上の ⋮ をタップします。

（写真を他で使う）をタップします。

2 使用するアプリを選択します

使用するアプリの選択画面が表示されます。

（フォト 壁紙）を

タップします。

アドバイス

壁紙はフォトアプリの機能で行うため、フォトアプリの壁紙機能を選択しています。

3 壁紙設定を行います

を

タップします。

次のページへ

④ 写真を壁紙に設定します

壁紙の設定画面が表示されます。

ホーム画面とロック画面 を タップします。

ロック画面のみに設定することもできます。

⑤ ホーム画面に壁紙が表示されます

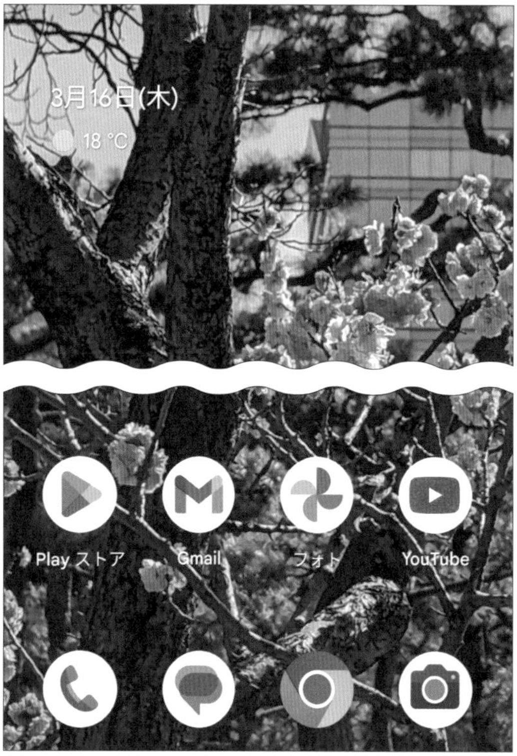

ホームキーをタップして、フォトアプリを閉じると、写真がホーム画面の壁紙に設定されています。

ヒント Googleフォトへのバックアップ

フォトアプリのバックアップの機能をオンにしておくと、撮影した写真や動画をインターネットのGoogleフォトのサービスに自動的に保存してくれます。別の端末やパソコンから同じGoogleアカウントでGoogleフォトにアクセスすると、自動保存された写真や動画を確認することができます。
機種変更をした際にも、同じGoogleアカウントであれば、この自動保存された写真や動画を引き継ぐことができるので、ぜひバックアップの機能は有効にしておきましょう。P.169のようにフォトアプリの初回の起動時に有効にするか確認されます。あとから有効にするには、フォトアプリの画面右上にあるアイコン→「フォトの設定」→「バックアップ」をタップして、「バックアップ」の項目をオンにします。

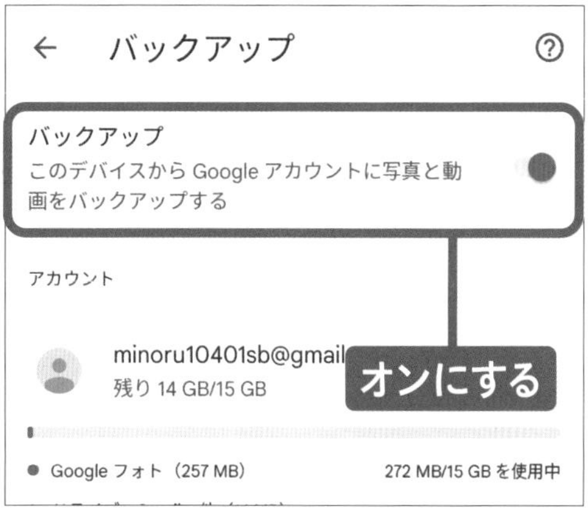

終わり

レッスン 42

不要な写真や動画を削除しよう

写真や動画をたくさん撮ると、スマートフォンの記憶容量を圧迫してしまいます。不要な写真や動画は定期的に削除しましょう。

ここでの操作 タップ →P.032 スワイプ →P.034

1 写真を表示します

P.168を参考にフォトアプリを開きます。

削除したい写真をタップします。

アドバイス

動画を削除したい場合は、動画をタップします。

写真が表示されます。

2 写真をゴミ箱に移動します

画面下部の 🗑（削除）を

タップします。

アドバイス

動画では再生中の画面をタップするとアイコンが表示されます。

ゴミ箱に移動 を

タップします。

アドバイス

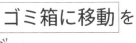

バックアップをオンにしている場合、初回時は「アイテムをゴミ箱に移動します」画面が表示されるので、OK をタップします。

写真がゴミ箱に移動します。

画面上の ← を

タップします。

アドバイス

元に戻す をタップすると、写真をゴミ箱に移動する前の、サムネイルの一覧画面に戻すことができます。

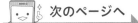

次のページへ

3 ゴミ箱を表示します

画面右下の 𝗅𝗅𝗅 (ライブラリ) を タップします。

ゴミ箱 を タップします。

アドバイス

「Screenshots」にはスクリーンショットの画像が保存されています。

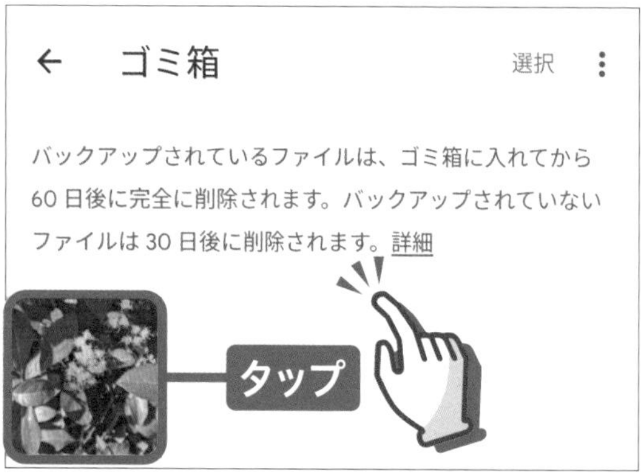

削除したい写真や動画を タップします。

④ 写真や動画を削除します

削除 を タップします。

アドバイス

復元 をタップすると、写真をゴミ箱に移動する前の、サムネイルの一覧画面に戻すことができます。

完全に削除 を タップします。

これで端末とバックアップ先のGoogle フォトから完全に写真が削除されます。

終わり

ステップアップ

Q. パソコンから写真を確認したい！

A. スマートフォンと同じGoogleアカウントでパソコンでログインしましょう

スマートフォンで撮った写真をパソコンで表示したい場合、わざわざUSBケーブルでつないで写真を移動させるのは非常に面倒です。スマートフォンで登録したGoogleアカウントと同じアカウントでパソコンでログインすると、スマートフォンで撮影した写真をパソコンで閲覧したり、管理したりすることができます。パソコンのWebブラウザーを起動して、グーグル（https://www.google.co.jp）にアクセスします。右上の「ログイン」から、画面の指示にしたがってスマートフォンと同じアカウントでログインしましょう。

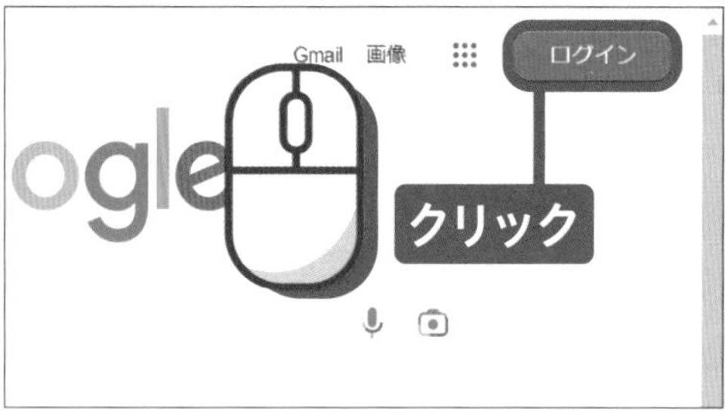

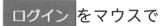

ログイン をマウスでクリックして、Googleアカウントでログインします。

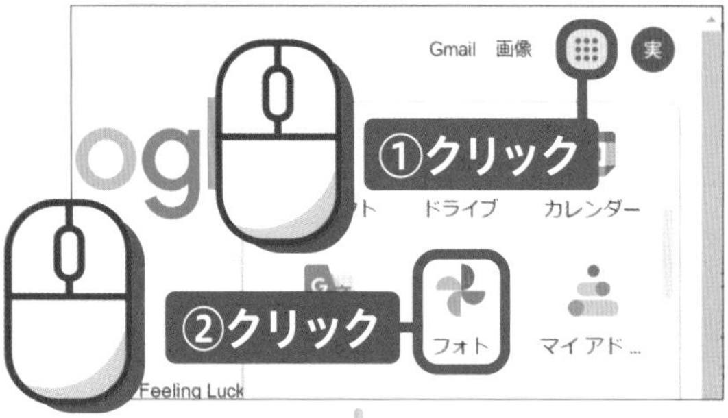

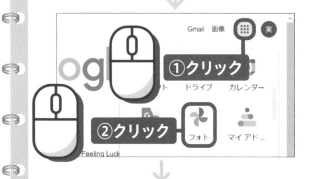

を クリックして、（フォト）を クリックします。

スマートフォンで撮影した写真がパソコンで閲覧できます。

7章

インターネットを使ってみよう

レッスンをはじめる前に

インターネットで調べものができます

スマートフォンでは、Chrome（クローム）アプリを利用してインターネットの情報にアクセスすることができます。気になるワードを入力して検索し、調べものをしましょう。Chromeアプリの標準の検索エンジンはGoogle（グーグル）です。

Chromeアプリ

Chromeアプリで検索した画面

インターネットでできること

インターネットのサービスでは、調べもの以外にもネットショッピングを行ったり、世界中の音楽や動画を楽しんだり、ブログやSNSを閲覧したりできます。自分の目的に合った使い方をしましょう。また、気に入ったWebページはブックマーク（お気に入り登録）をして、好きなときにいつでも開けるようにしておくと便利に活用できます。ブックマークについてはP.196を参照してください。

レッスン 43

Chromeアプリを起動しよう

インターネットの情報にアクセスするにはChromeアプリを使います。
初回起動時のみ設定が必要なので、確認をしましょう。

ここでの操作 ⇒ タップ →P.032

1 Chromeアプリを起動します

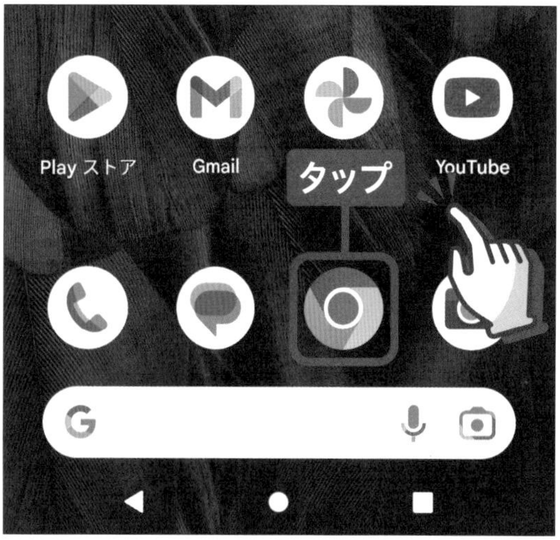

ホーム画面を表示します。

を タップします。

アドバイス

ホーム画面にがないときは、P.49を参照してアプリ一覧画面を開き、（Chrome）をタップします。

Chromeアプリが起動します。初回起動時のみ、「Chromeへようこそ」画面が表示されます。

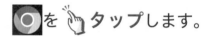

実として続行（実の部分はユーザーの名前）を タップします。

2 同期を有効にするかを指定します

「同期を有効にしますか？」画面が表示されます。

ここでは、いいえ をタップします。

アドバイス

同期を有効にすると、同じGoogleアカウントでログインしている端末のChromeアプリと、履歴やパスワードの入力情報などが連携されます。

アドバイス

初回は通知を許可する画面が表示されます。続行→許可をタップしましょう。

3 Chromeアプリが開きます

GoogleのWebページが表示されます。
2回目以降は、開いていたWebページを表示して起動します。

終わり

レッスン 44

Chromeアプリで検索しよう

Chromeアプリを起動したら、さっそくGoogleでインターネットの情報を検索してみましょう。

ここでの操作 ⇒ タップ →P.032

1 検索ワードを入力します

P.186を参考に
Chromeアプリを起動します。

Googleの検索ボックスを
タップします。

アドバイス

Googleと違うページが開いた場合は、画面左上の⌂をタップします。

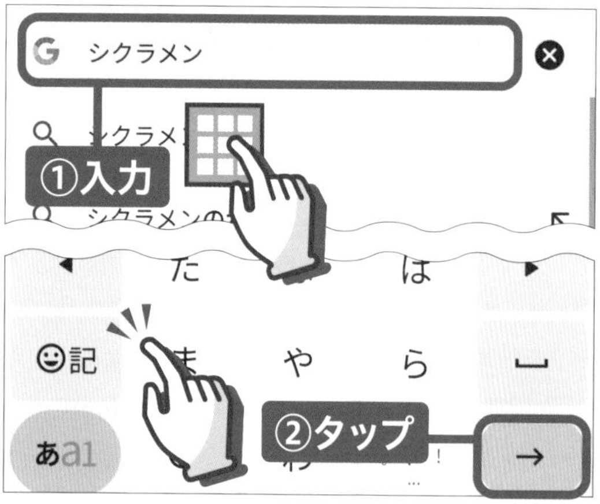

検索したいワードを
入力します。

入力が完了したら
→を タップします。

2 検索結果を確認します

入力した検索ワードでの検索結果が表示されます。画面をスクロールして、検索結果を見ていきましょう。検索結果からWebページへの移動は、P.192を参照してください。

ヒント 検索候補

検索ワードを入力中に、検索ボックスの下に検索候補が表示される場合があります。検索候補の語句をタップすると、そのままその語句で検索することができます。
検索ワードを全部入力する前に検索候補で表示されたら、こちらをタップするほうが早く検索できるでしょう。

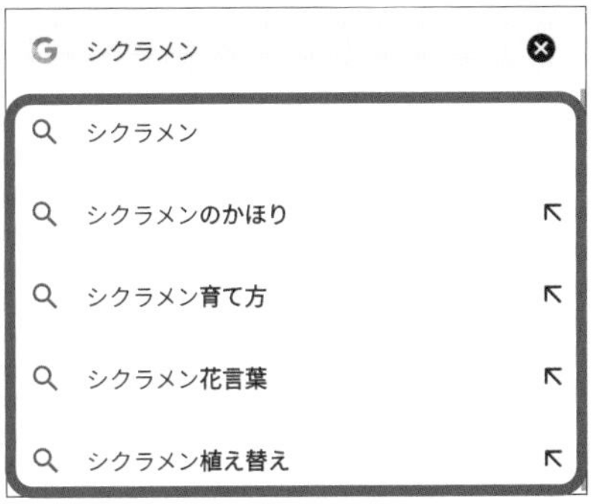

終わり

レッスン 45

ホーム画面の検索ボックスから検索しよう

ホーム画面にある検索ボックスからでも検索することができます。検索するとChromeアプリが開き、検索結果が表示されます。

ここでの操作 ⇒ タップ →P.032

1 検索ワードを入力します

ホーム画面を表示します。

ホーム画面の検索ボックスをタップします。

検索ワードを入力します。

入力が完了したら [検索] をタップします。

2 検索結果を確認します

検索ワードでの
検索結果が表示されます。
画面をスクロールして、
検索結果を確認していきます。
検索結果から
Webページへの移動は、
P.192を参照してください。

アドバイス

ホーム画面の検索ボックスからでも、インターネットの情報の検索結果をタップすると、Chromeアプリが起動して表示されます。

ヒント 端末内のアプリ検索もできる

ホーム画面の検索ボックスでは、インターネット検索以外にも、端末内にインストールされているアプリを検索することもできます。
アプリ名を入力すると、検索候補にアプリのアイコンが表示されます。右の画面では「マップ」を検索しています。
アプリのアイコンをタップすると、起動します。

レッスン 46

Chromeアプリで Webページを開こう

Chromeアプリでインターネットの情報を検索したら、目当てのWebページを開きましょう。

ここでの操作 ⇒ タップ →P.032 スワイプ →P.034 ピンチアウト →P.035 ピンチイン →P.035

1 検索結果からWebページを開きます

P.188を参考に
Chromeアプリで検索します。
ここでは「sbクリエイティブ」を検索しています。

検索結果で、開きたいWebページのリンクをタップします。

タップしたリンク先のWebページが開きます。

アドバイス

ページが開いたら、スワイプして、ページの情報を読みます。さらに見たい情報のリンクがあれば、タップして開くとよいでしょう。

2 前のページに戻ります

ナビゲーションバーの◀（戻るキー）をタップします。

アドバイス

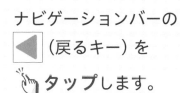

ジェスチャーナビゲーションの操作では、画面を右方向にスワイプすると前ページに戻ります。

1つ前に開いていたページに戻ります。
ここでは、検索結果画面に戻ります。

3 Webページを拡大／縮小します

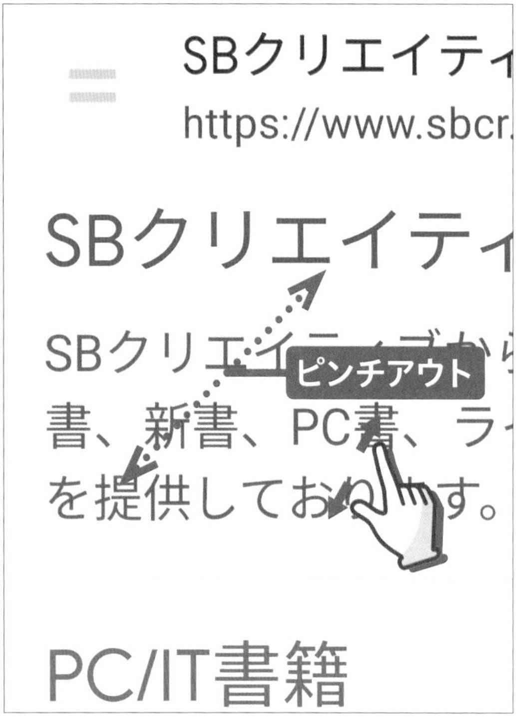

画面を
ピンチアウトすると、
画面が拡大されます。

アドバイス

Webページの文字が小さいときに、ピンチアウトの操作で一時的に拡大表示することができます。標準の文字サイズを変更する場合は、P.106を参照してください。

画面を
ピンチインすると、
画面が縮小されます。

Webページによっては、拡大／縮小できないページもあります。

4 Webページの情報を更新します

P.192を参考に、ここではSBクリエイティブのページを開いておきます。

⋮ をタップします。

メニューが表示されます。

をタップします。

Webページの情報が最新の状態に更新されます。

ヒント Chromeアプリのタブ表示について

Chromeアプリでは、複数のページを開いておくことができます。ページ表示ごとに「タブ」表示と呼ばれ、タブをいくつ表示しているかは、画面上部の数字でわかります。数字をタップすると、タブ表示が一覧表示され、表示したいタブを選択できます。

終わり

レッスン 47

気になったWebページをブックマークしよう

お気に入りのWebページはブックマークをしておくと、あとで再度開くときに便利です。

ここでの操作 ⇒ タップ →P.032

1 Webページをブックマークします

P.192を参考にWebページを開いておきます。

⋮をタップします。

☆をタップします。

②ブックマーク名を編集します

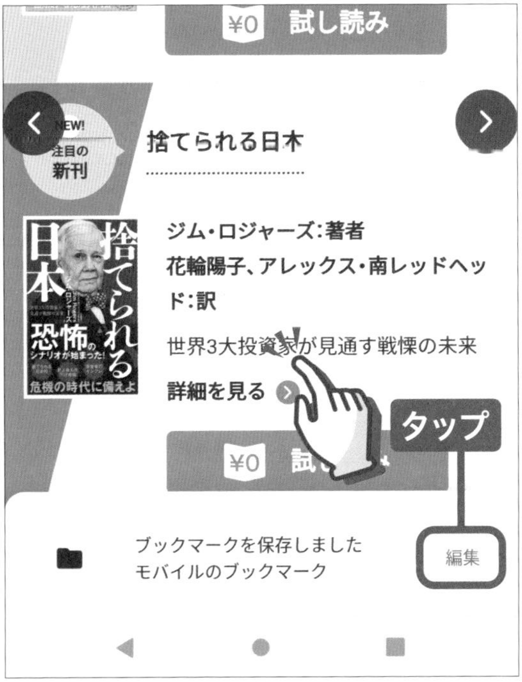

画面下に
「ブックマークを保存しました」
と表示され、
ブックマークが完了します。

編集 を タップします。

アドバイス

「編集」の表示はしばらくすると消えます。あとから編集するには、ブックマーク一覧から行うことができます（P.199参照）。

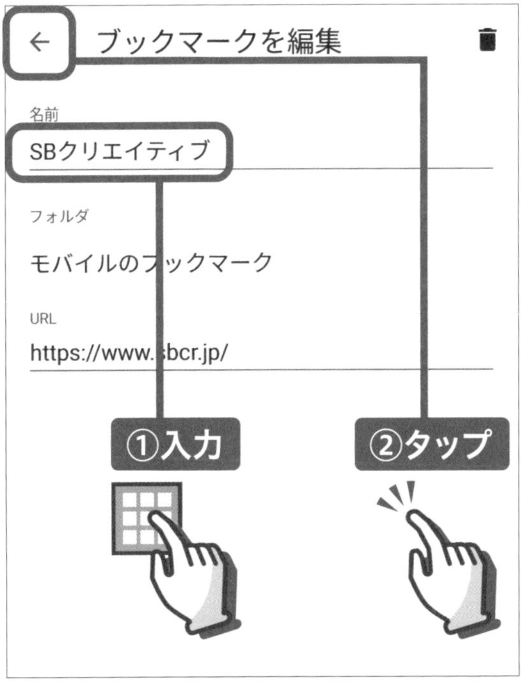

ブックマークの編集画面が
表示されます。

ブックマーク名を
自分でわかるように
入力して変更します。

画面上部の
← を タップして、
Webページ表示に戻ります。

次のページへ

3 ブックマークを開きます

Chromeアプリの画面上部の ⌂ を タップして、ホームページを表示します。

⋮ を タップします。

アドバイス
Chromeアプリの標準設定では、Googleの検索ページがホームページに指定されています。

ブックマーク を タップします。

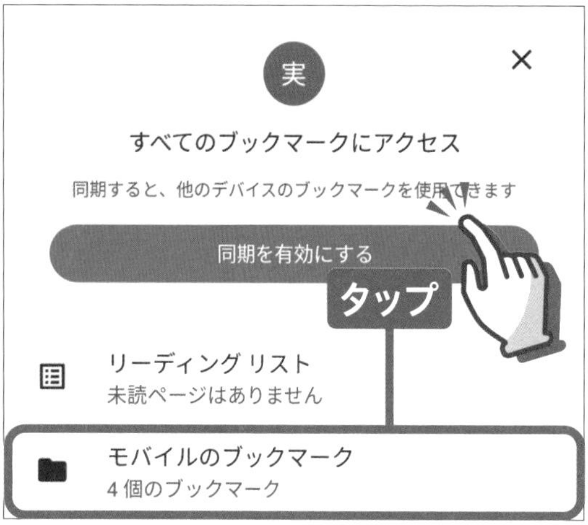

モバイルのブックマーク のフォルダーを タップします。

アドバイス
最初からモバイルのブックマークフォルダーが開くこともあります。

4 ブックマークからWebページを開きます

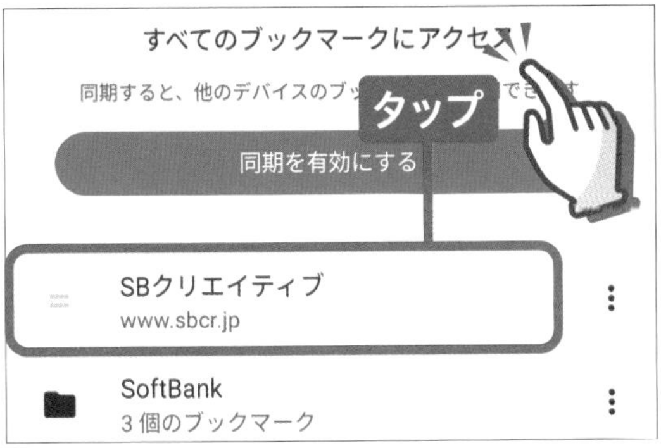

モバイルのブックマークフォルダーが開き、ブックマークしたWebページが一覧で表示されます。

開きたいWebページ名をタップします。

Webページが表示されます。

ヒント ブックマークの編集や削除について

保存したブックマーク名をあとから変更したり、必要なくなったブックマークを削除する場合は、ブックマーク名の右端の⋮をタップして開くメニューの「編集」「削除」から行います。

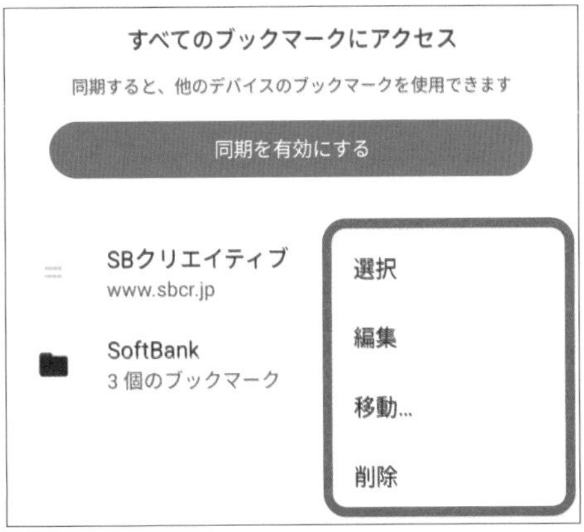

ステップ アップ

Q. ウイルス対策をしたい！

A. ウイルス対策アプリ導入やアップデートを行いましょう

スマートフォンでもウイルスはあるのでしょうか。残念ながらスマートフォンにもパソコンと同じようにウイルスは存在します。端末がウイルスに感染してしまうと、スマートフォンが使えなくなったり、個人情報が流出したりしてしまうかもしれません。そうならないように事前に対策をしておきましょう。
まずはウイルス対策アプリをインストールすることです。アプリのインストールについては、P.204を参照してください。また、端末のシステムは常に最新バージョンにしておくと、セキュリティが強化されるのでおすすめです（P.287参照）。そのほかにもよくわからないWebページは開かない、知らない人から来たメールは開かないなど、日ごろから気を付けておきましょう。

ウイルス対策アプリ

システムを最新に

8章

アプリを活用してみよう

レッスンをはじめる前に

アプリで便利機能を使いこなせます

スマートフォンはアプリをインストールすることでさまざまな便利機能を使えるようになります。多くの人が利用しているLINEもその１つです。アプリはグーグルのPlayストアからインストールすることができます。なお、Androidスマートフォンには最初から便利なアプリがいくつか用意されています。

不要なアプリは削除できます

スマートフォンでは、ストレージの容量を超えるアプリやデータは保存できません。アプリをたくさんインストールすると、ストレージの容量がいっぱいになってしまうので、不要なアプリはアンインストール（削除）しましょう。アンインストールすると、アプリ内のデータも削除されてしまいます。アンインストールする際は、本当に削除しても大丈夫か確認してから行いましょう。

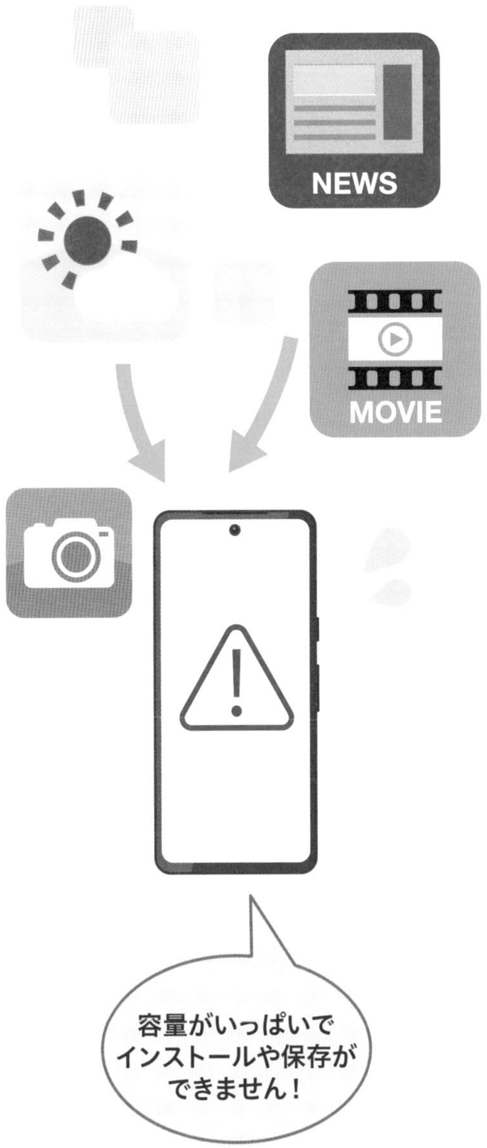

アプリをアンインストール

レッスン 48

アプリをインストールしてみよう

それでは新しいアプリをインストールしてみましょう。
アプリを探したり、インストールしたりするにはPlayストアで行います。

ここでの操作 ⇒ タップ →P.032 スワイプ →P.034

1 Playストアを起動します

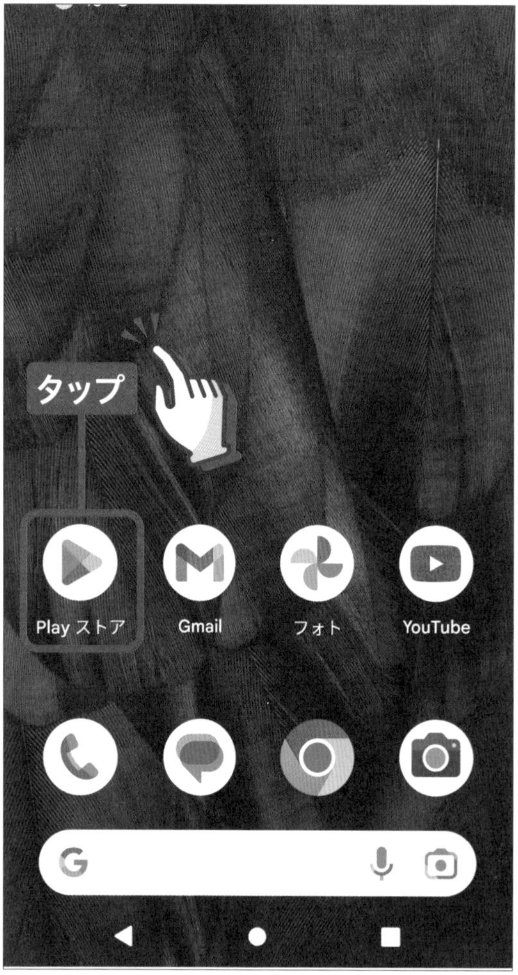

ホーム画面を表示します。

(Playストア)を

タップします。

アドバイス

ホーム画面にアイコンがない場合は、アプリ一覧(P.49参照)の(Playストア)をタップします。

2 アプリ画面を開きます

Playストアが起動します。

画面下部の [アプリアイコン]（アプリ）を

タップします。

アドバイス

「ゲーム」「書籍」をタップして、それぞれを入手することもできます。

3 カテゴリからアプリを探します

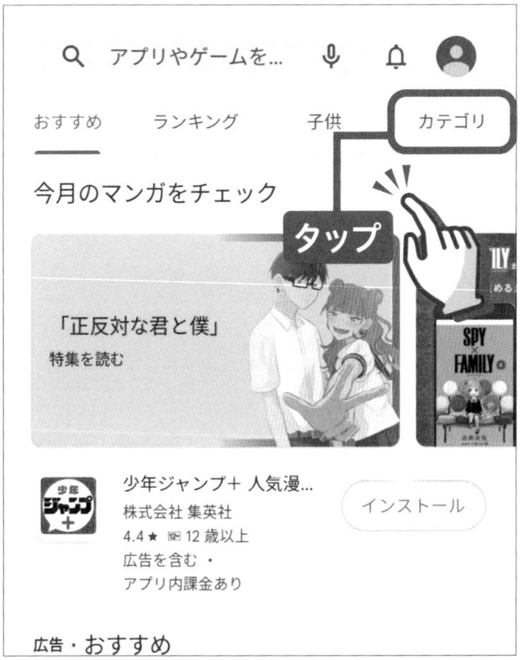

まずはカテゴリから探します。

カテゴリを

タップします。

アドバイス

ランキングをタップすると、人気ランキングからアプリを探せます。

次のページへ

4 カテゴリを選択します

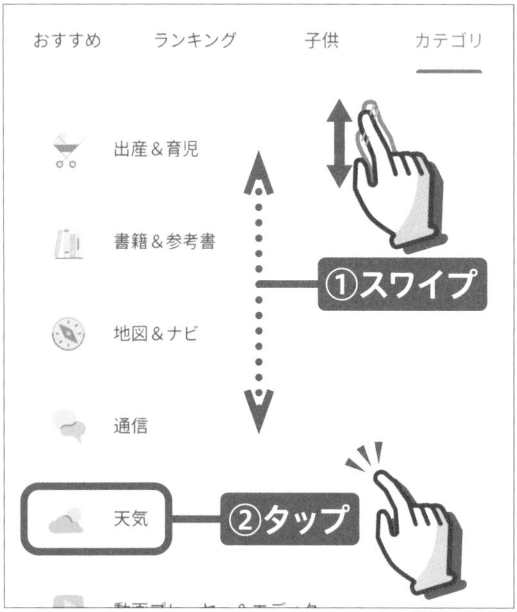

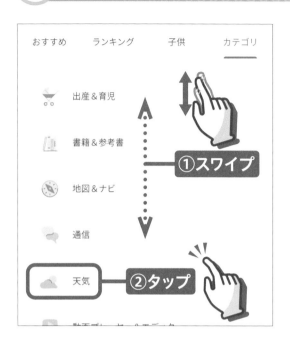

カテゴリ画面が
表示されます。

画面を スワイプして、
興味のあるジャンル
（ここでは 天気 ）を
タップします。

5 アプリを選択します

選択したジャンルのアプリが
一覧で表示されます。

気になるアプリ
（ここでは
Yahoo!天気 ）を
タップします。

6 アプリの詳細を確認します

選択したアプリの詳細が
表示されるので、
内容を確認します。

ここでは画面上部の ← を
2回 タップして、
カテゴリ画面に戻ります。

アドバイス

ここではインストールしていませんが、インストールをタップするとインストールできます（P.209参照）。

7 検索ボックスを選択します

次に検索ボックスから
アプリを探してみます。

アプリやゲームを... を
タップします。

8 検索するアプリ名を入力します

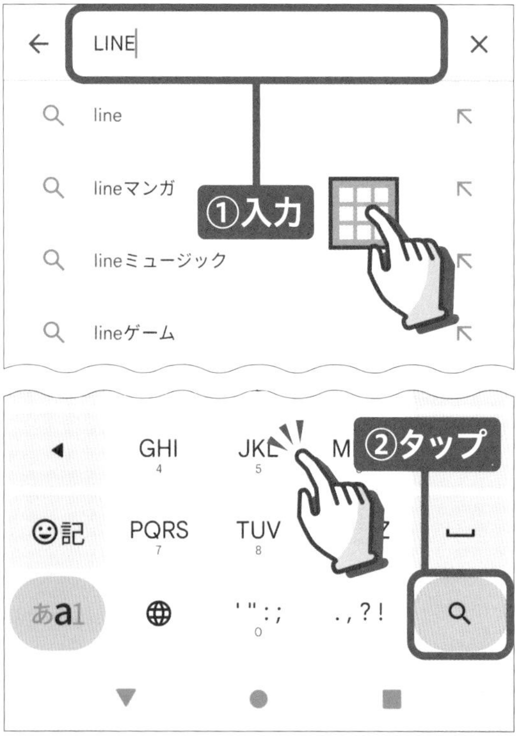

検索したいアプリの
キーワード
（ここでは「LINE」）を
入力します。

を タップします。

9 アプリを選択します

検索結果が一覧で表示されます。

インストールするアプリ
（ここでは
LINE（ライン））を
タップします。

アドバイス

アプリ名の右横の インストール を
タップして、すぐにインストール
をはじめることもできます。

10 アプリをインストールします

アプリの詳細が表示されるので、スクロールして内容を確認します。

インストールを タップします。

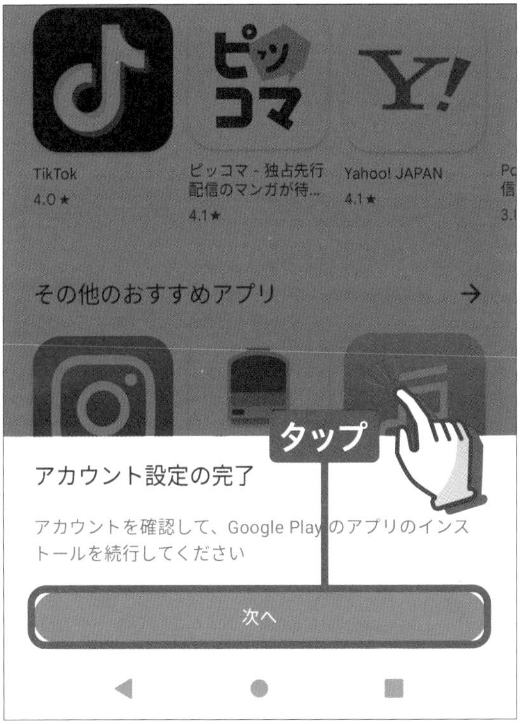

初回時のみ、「アカウント設定の完了」画面が表示されます。

次へを タップします。

2回目以降は**インストール**をタップするとすぐにインストールが開始されます。

次のページへ

11 アカウント設定をスキップします

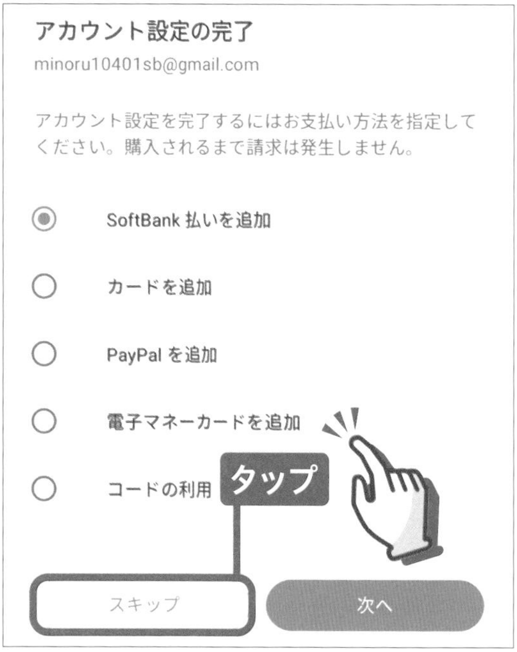

ここでは、支払い方法を
指定せずにスキップをします。

スキップ を

タップします。

アドバイス

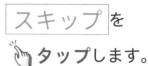

アカウント設定は有料アプリの支払い方法の設定で、無料アプリではスキップして大丈夫です。有料アプリなどについては、P.244を参照してください。

12 インストールの完了を待ちます

アプリのインストールが
開始されます。
開く と表示されたら
インストールの完了です。

アプリのインストールには
少し時間がかかります。

13 ホーム画面のアプリアイコンを確認します

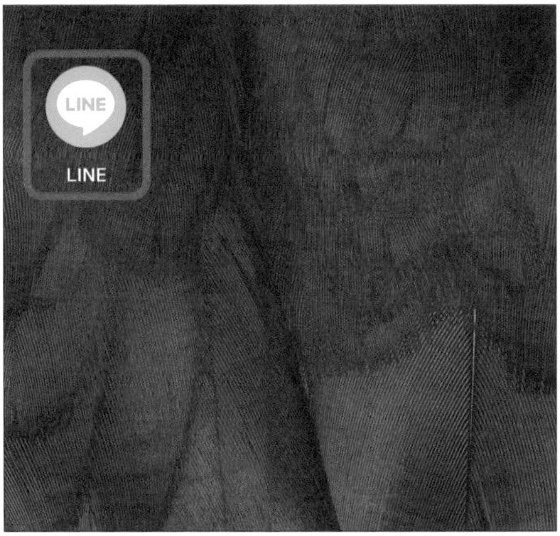

ホームキーをタップして、Playストアを閉じると、ホーム画面にアプリのアイコンが追加されています。

ヒント Playストア以外からアプリをインストールする

キャリアや機種によっては、Playストア以外からもアプリをインストールすることができます。auなら「auスマートパス」からアプリをインストール可能です。また、Huaweiなどの機種には端末メーカーのアプリストアがあります。詳しくは各社ホームページか取扱説明書を参照してください。

auスマートパス（au）

終わり

レッスン 49

ホーム画面のアプリを整理しよう

アプリをインストールすると、ホーム画面にアイコンが追加されます。
フォルダーを作成してアプリを整理しましょう。

ここでの操作 ⇒ タップ →P.032　ロングタッチ →P.033　ドラッグ →P.033

1 フォルダーを作成します

ホーム画面を表示します。

フォルダーに入れたいアプリ
（ここでは
（Y!天気））を
ロングタッチします。

一緒のフォルダーに
まとめたいアプリまで
ドラッグして
（ここでは
（Y!乗換案内））
指を離します（ドロップ）。

2 フォルダーを開きます

フォルダーが作成され、
アプリがまとめられます。

フォルダーを
タップします。

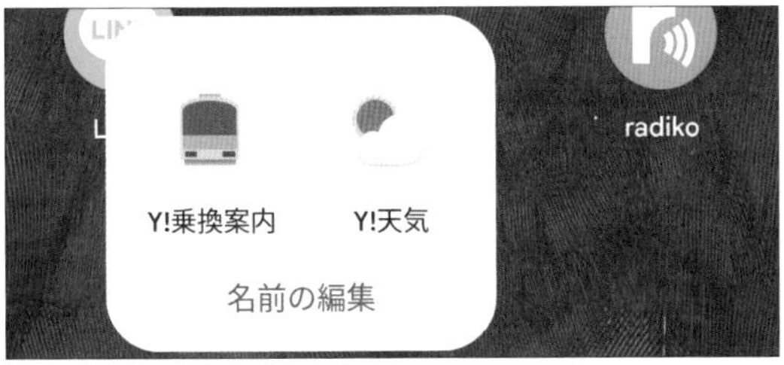

フォルダー内のアプリが表示されます。

3 フォルダー名を入力します

フォルダー名を
タップして、
名前を入力します。

✓をタップして、
確定します。

アドバイス

フォルダー内のアプリをフォルダー外にドラッグして、フォルダー内のアプリが1つになるとフォルダーはなくなります。

終わり

レッスン 50 使わなくなったアプリをアンインストールしよう

使わなくなったアプリはアンインストールして、ストレージの容量を節約しましょう。ここではアンインストールの2つの方法を紹介します。

ここでの操作 タップ →P.032 ドラッグ →P.033 ロングタッチ →P.033 スワイプ →P.034

1 Playストアのメニューを開きます

P.204を参考にPlayストアを起動します。

画面上部の [アカウントアイコン] をタップします。

メニューが表示されます。

[アプリとデバイスの管理] をタップします。

2 インストール済みからアプリを選択します

管理 を

タップします。

上下に スワイプして、

アプリを探します。

アンインストールしたい

アプリ（ここでは

（Yahoo! 天気））を

タップします。

3 アンインストールをします

アンインストール を

タップすると、

アンインストールされます。

アドバイス

アプリをアンインストールすると、端末から完全に削除されます。

次のページへ

4 Playストアを終了します

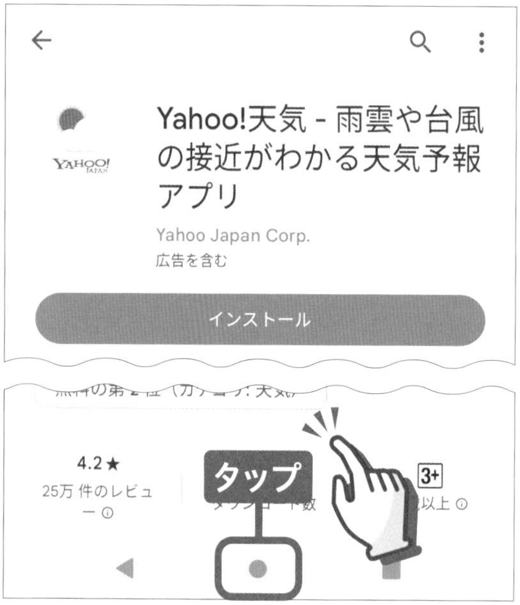

アンインストールが終了すると、画面に インストール が表示されます。

ホームキーを **タップ**して Playストアを閉じます。

5 ホーム画面のアプリアイコンをロングタッチします

今度はホーム画面のアプリのアイコンからアンインストールします。

アンインストールするアプリのアイコン（ここでは（LINE））を **ロングタッチ**します。

アドバイス

機種によっては、ロングタッチすると「アンインストール」というボタンが表示される場合があるので、タップします。

6 アンインストールにドラッグして離します

アンインストールと表示されている場所までアイコンをドラッグして指を離します（ドロップ）。

「削除」はホーム画面からアイコンが削除されるだけで、アプリのアンインストールはされません。

7 アンインストールを行います

アンインストールの確認画面が表示されます。

OKをタップすると、アンインストールされます。

ホーム画面のアプリのアイコンがなくなります。

終わり

レッスン51

アプリをアップデートしよう

アプリは機能向上や不具合の修正などで頻繁に更新されています。アプリをアップデート（更新）して、最新の状態にしておくとよいでしょう。

ここでの操作 ⇒ タップ →P.032

1 Playストアのメニューを開きます

P.204を参考にPlayストアを起動します。

画面上部の［アカウント］をタップします。

メニューが表示されます。

［アプリとデバイスの管理］をタップします。

2 アプリの更新を確認します

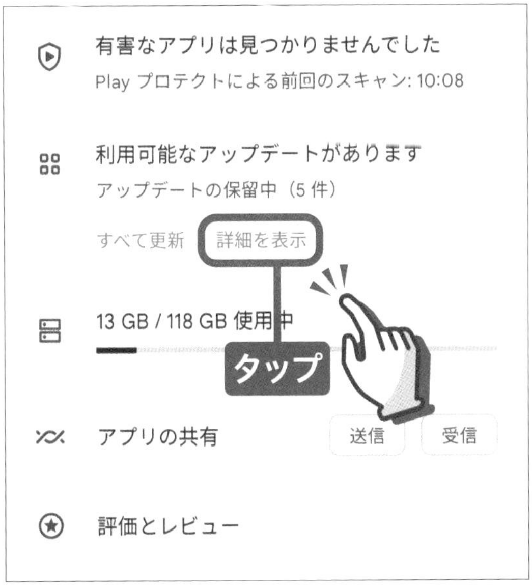

詳細を表示 をタップします。

アドバイス

すべて更新 をタップすると、更新可能なアプリすべてがアップデートされます。

3 アプリを更新します

アップデートしたいアプリの 更新 をタップします。

アップデートがはじまります。
アップデートが終了すると
リストから表示がなくなります。

アドバイス

アプリによってはサイズが大きいことがあるので、Wi-Fi接続の環境でアップデートするとよいでしょう。

終わり

レッスン

52 スケジュールを登録しよう

スマートフォンにスケジュール（予定）を登録して、いつでも確認できるようにしましょう。ここではカレンダーアプリを使って解説します。

ここでの操作 ⇒ タップ →P.032

1 カレンダーアプリを起動します

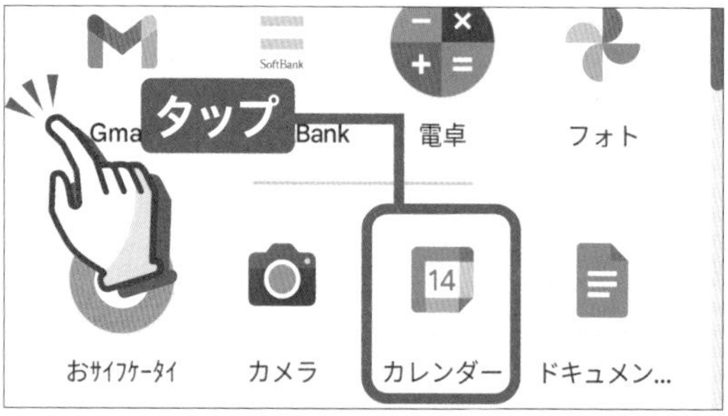

P.49を参考に
アプリ一覧画面を開きます。

（カレンダー）を
タップします。

カレンダーアプリが起動します。

＋を タップします。

アドバイス

初回起動時はカレンダーアプリの説明が表示されます。

（予定）を
タップします。

2 スケジュールを登録します

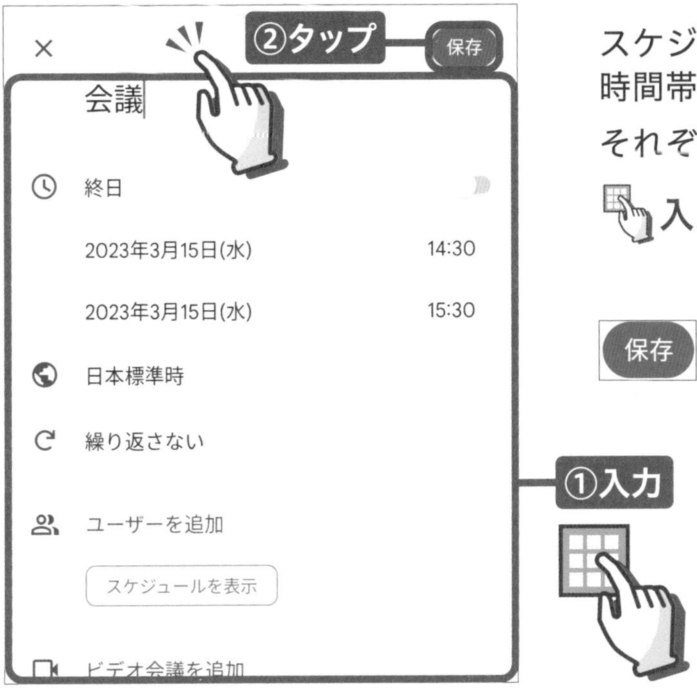

スケジュール名や日付、時間帯などの項目を、それぞれタップして入力します。

保存をタップします。

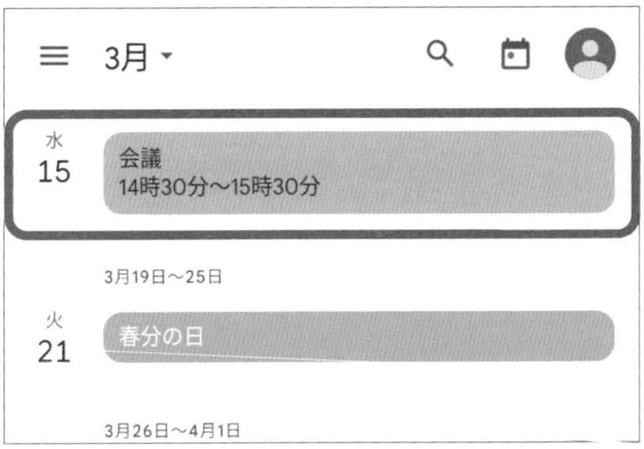

スケジュールが登録されます。

アドバイス

登録されたスケジュールをタップして開き、画面上の✎をタップして修正、⋮をタップして削除が行えます。

ヒント スケジュールの通知

登録したスケジュールは、標準設定では30分前に通知されます。

終わり

レッスン 53

アラームを設定しよう

時計アプリにはアラームを設定できる機能があります。
目覚ましや用事の時間を知らせるアラームとして利用すると便利です。

ここでの操作 → タップ →P.032

1 時計アプリを起動します

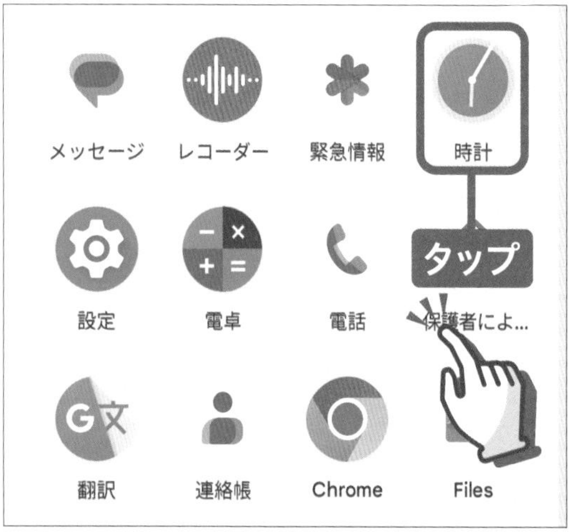

P.49を参考に
アプリ一覧画面を開きます。

(時計) を
タップします。

アドバイス
アイコンは現在の時刻を表示しています。

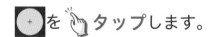

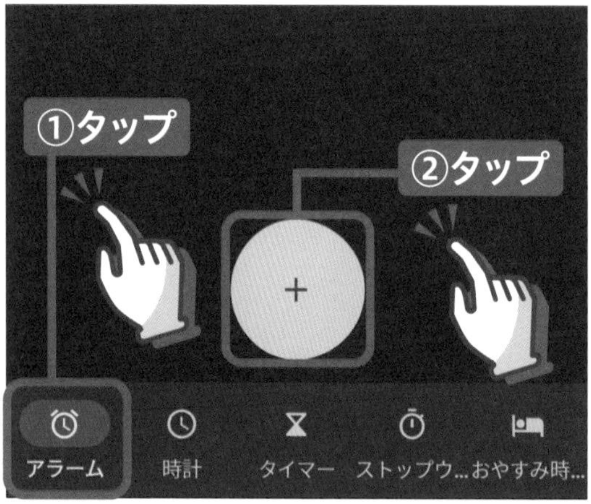

時計アプリが起動します。

アラーム を タップします。

を タップします。

2 アラームを設定します

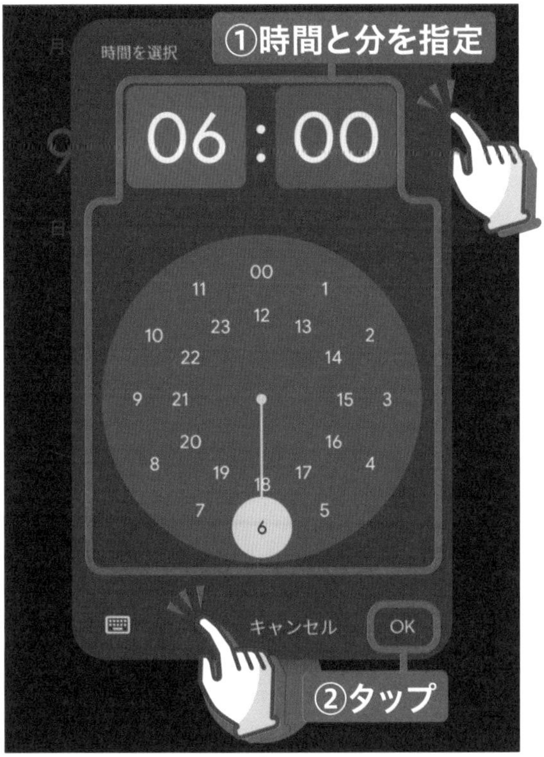

アラームの設定画面が開きます。

時間の数字をタップして、
下の時計画面で針の位置を
タップして指定します。
続けて、分の数字を
タップして、
下の時計の針の位置を
タップして指定します。

OK をタップします。

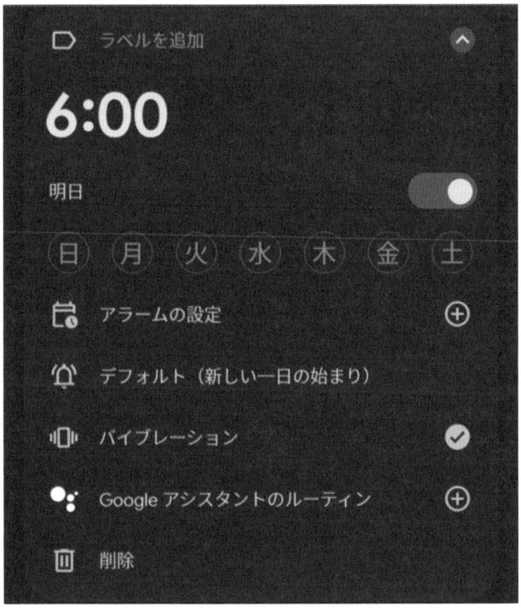

アラームが設定されます。

アドバイス

アラームは毎日その時間に繰り返したり、特定の曜日のみ鳴るように設定できます。また、◯／◯をタップして停止／再開でき、削除をタップして削除もできます。

終わり

レッスン 54

地図を見て、ナビゲーションをしてみよう

位置情報をオンにしておくと、マップアプリで現在地を確認できるので便利です。マップアプリでは、道案内（ナビゲーション）の機能も使えます。

ここでの操作 ⇒ タップ →P.032　ドラッグ →P.033　ピンチイン →P.035　ピンチアウト →P.035

1 マップアプリを起動します

P.49を参考に
アプリ一覧画面を開きます。

（マップ）をタップします。

マップアプリが起動します。
初回は位置情報への
アクセスの許可が必要です。

をタップします。

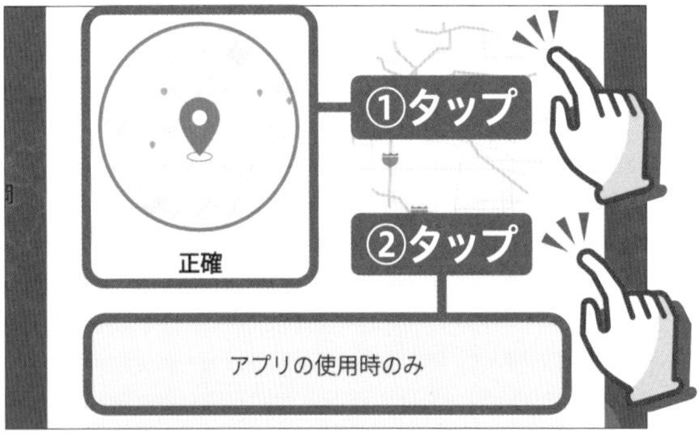

正確 をタップします。

アプリの使用時のみ をタップします。

② 現在地が表示されます

画面を ドラッグして
地図の表示位置を
移動できます。

アドバイス

自分の現在位置は で表示されます。 をタップすると、現在地を中心に地図が表示されます。

③ 場所を検索します

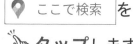

画面上部の
ここで検索 を
タップします。

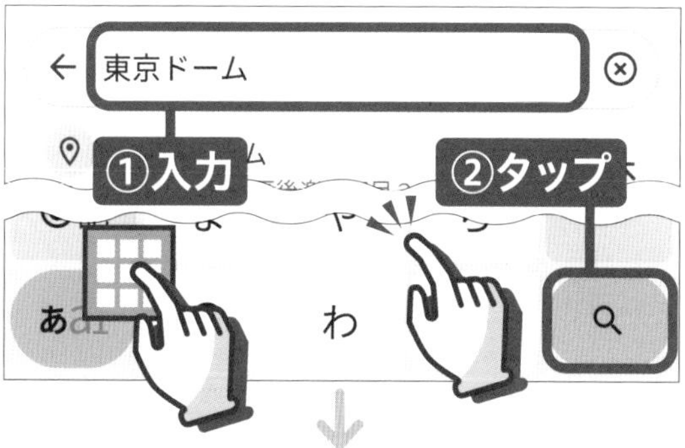

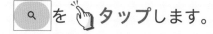

検索する場所の名前を
入力します。

を タップします。

入力した場所の候補と
周辺地図が表示されます。

次のページへ

4 場所の詳細を表示します

場所の名前
（ここでは 東京ドーム ）を
タップします。

その場所の詳細な情報が
表示されます。

5 道順を検索します

マップアプリには
ナビゲーション（道案内）の
機能もあります。

経路 をタップします。

アドバイス

アイコンが表示されている移動手段（ここでは（車））から変更の必要がない場合は、ナビ開始 をタップしてすぐにナビゲーションをはじめることもできます。

6 移動手段を変更します

移動手段
(ここでは (徒歩)) を
タップします。

ナビ開始 を タップします。

アドバイス

ここでは出発地が「現在地」になっていますが、別の場所を入力して指定することもできます。移動手段は「車」「公共交通機関」「徒歩」「配車サービス」「自転車」から選択できます。

7 ナビゲーションを開始します

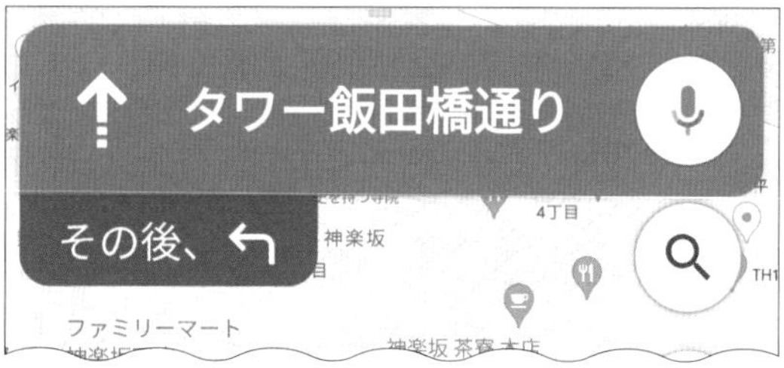

ナビゲーションが開始され、音声が流れます。
ルートの経路が表示されるので、現在地の移動を確認しながら、進んでいきましょう。

アドバイス

初回時は通知の許可画面などが表示されます。

終わり

レッスン 55

電車の乗り換えを調べてみよう

電車の乗り換えルートを調べられると便利です。
ここではYahoo!乗換案内アプリを使って電車の乗り換えを調べます。

ここでの操作 → タップ →P.032

1 出発駅と到着駅を入力します

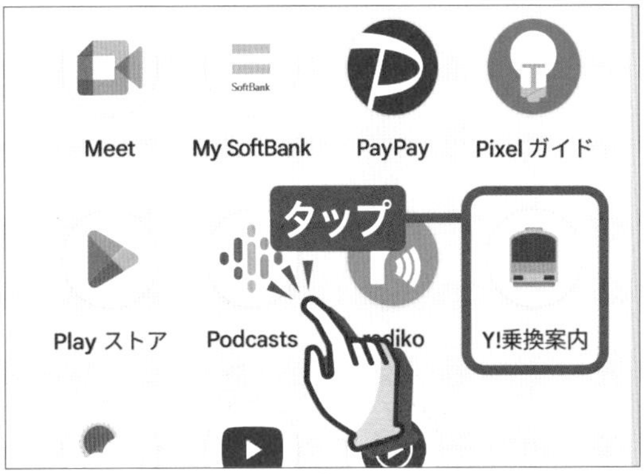

あらかじめP.204～211を参考にYahoo!乗換案内アプリをインストールし、P.49を参考にアプリ一覧を表示します。

（Y!乗換案内）をタップします。

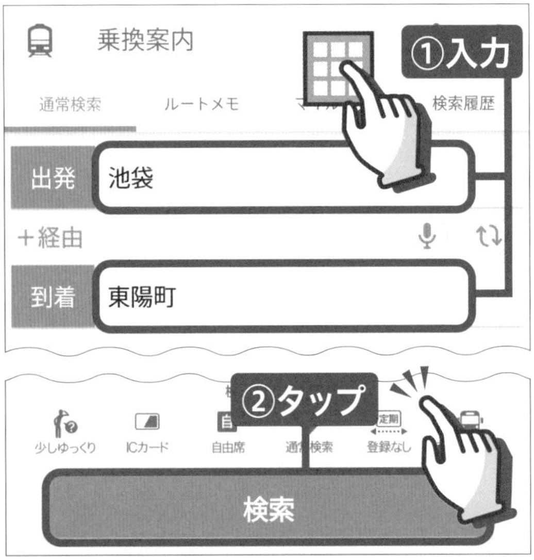

Yahoo!乗換案内アプリが起動します。

出発と到着に駅名を入力します。

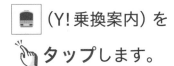

検索をタップします。

2 検索結果のルートを選択します

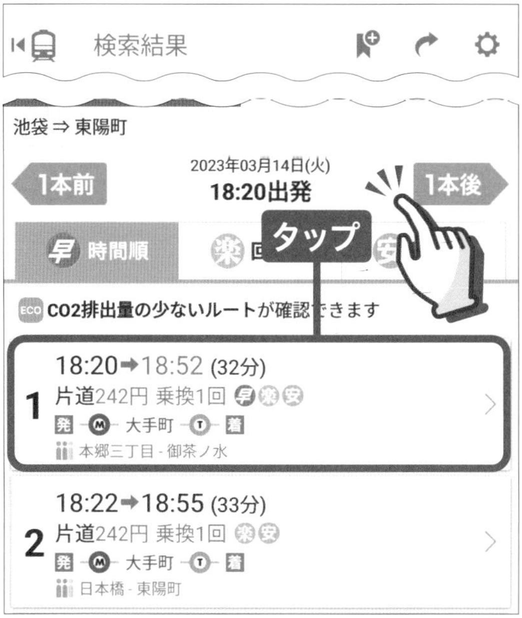

乗り換えルートの検索結果が一覧で表示されます。

詳しく調べたい乗り換えルートをタップします。

アドバイス

現在時刻の出発での検索が標準ですが、出発時間を変更したり、到着時刻を指定してルートを検索したりすることもできます。

3 乗り換え経路を確認します

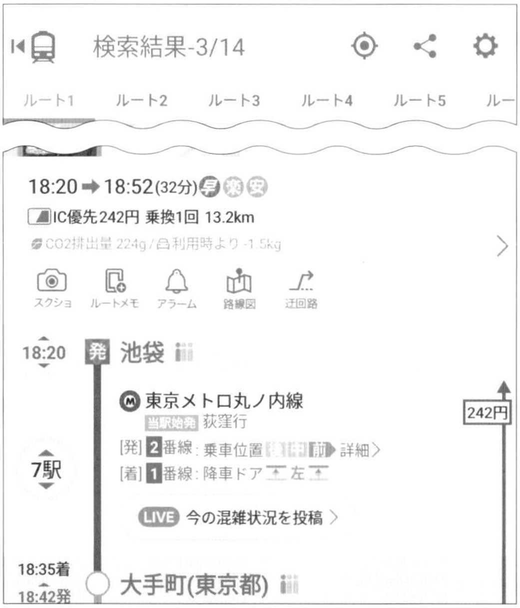

乗り換えルートの詳細が表示されます。
スクロールして内容を確認しましょう。

アドバイス

ルートの途中の到着と出発の時間も表示されます。乗り換えルートは、ホームの移動などの時間も考慮されています。

終わり

レッスン 56

PayPayで支払いをしよう

スマホ決済サービスの中でも大手のPayPay（ペイペイ）の使い方を紹介します。上手に使えばポイントが貯まるなど、お得に買い物を楽しむことができます。

PayPayアプリでできること

PayPayは、日本で最も有名なスマホ決済サービスの1つです。PayPayアプリで決済すると、支払い金額の一部がポイントで戻ってくるなど、お得なキャンペーンが頻繁に開催されています。店頭でのスマホ決済のほかにも、PayPayアプリではさまざまなことができます。電気やガス料金などの請求書払いの支払いや、大人数での割り勘などが可能です。また支払い以外にも、近くのPayPayが使えるお店を探す、タクシーを呼ぶなどの便利な機能が充実しています。

バーコードは5分間ごとに切り替わり、スクリーンショットで撮影したバーコードでは決済できなくなるなど、セキュリティも充実しています。

位置情報をもとにPayPayアプリが使えるお店を検索できます。お店のジャンルから探すことも可能で、画面下の［近くのお店アイコン］（近くのお店）の地図から確認できます。

PayPayのチャージ方法

PayPayで支払うためには、支払い方法の登録が必要です。PayPayには、「PayPay残高」(お金をチャージして支払う)「PayPayカード・あと払い」などの支払い方法が用意されています。
PayPay残高にお金をチャージするには、PayPayアプリを起動して、(チャージ)または、(ウォレット)→「PayPay残高」のをタップし、チャージ方法を選択します。
チャージ方法は、銀行口座を登録する方法のほかに、コンビニの店頭などにあるセブン銀行やローソン銀行から現金で入金するなど、いくつかの方法があります。詳しくはPayPayアプリのヘルプページ(チャージ画面上部のをタップ)や、PayPayの公式ホームページ(https://paypay.ne.jp)を参照してください。

ヒント PayPayポイントとは

PayPayで支払いをすると、PayPayポイントを貯めることができます。貯めたPayPayポイントは、(ウォレット)で確認でき、PayPayでの支払い時に1ポイント1円として利用することができます。
また、PayPayクーポン(P.235参照)を取得した状態で支払いをすると、通常よりも多くのポイントを獲得できます。
なお、支払い方法がクレジットカードの場合は、PayPayポイントを貯めることができないので注意しましょう。

次のページへ

1 PayPayアプリを起動します

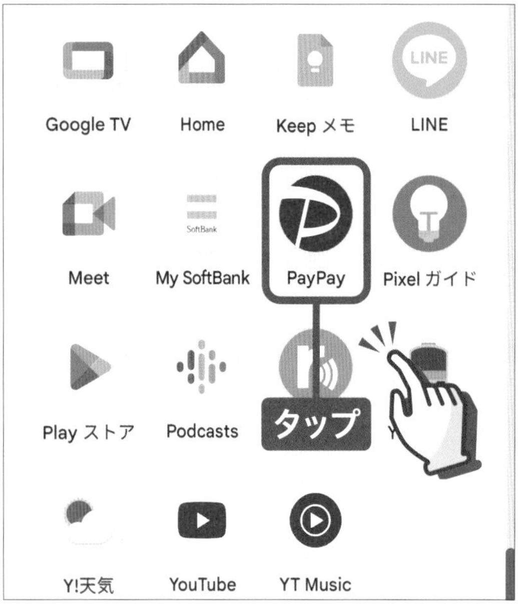

PayPayアプリでの支払いをしてみましょう。あらかじめP.204〜211を参考にPayPayアプリをインストールし、P.49を参考にアプリ一覧画面を表示します。

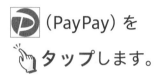

(PayPay) をタップします。

2 支払い画面を表示します

PayPayアプリが起動します。

画面下の を

タップします。

アドバイス

初回利用時は新規登録が必要です。携帯電話番号とパスワードを設定して、+メッセージアプリに送られてくる認証コードを入力します。詳しくはPayPayを始めよう！ページ (https://paypay.ne.jp/guide/start/) を参照してください。

3 コードをお店の人に読み取ってもらって支払います

バーコードとQRコードが表示されます。
支払いの前に、お店の人に「PayPayで支払います」と一言声をかけます。

アドバイス

PayPayで支払う場合は、アプリにお金をチャージをしておくか、あと払いの設定をする必要があります。チャージについてはP.231や、PayPayを始めよう！ページ(https://paypay.ne.jp/guide/start/)を参照してください。

お店の人にコードを読み取ってもらうと、支払いが完了します。

4 スキャン支払いを選択します

次に、お店のQRコードを
読み取る場合です。
P.232を参考に
PayPayアプリを起動して、
支払い画面を表示します。

（スキャン支払い）を
タップします。

5 撮影を許可します

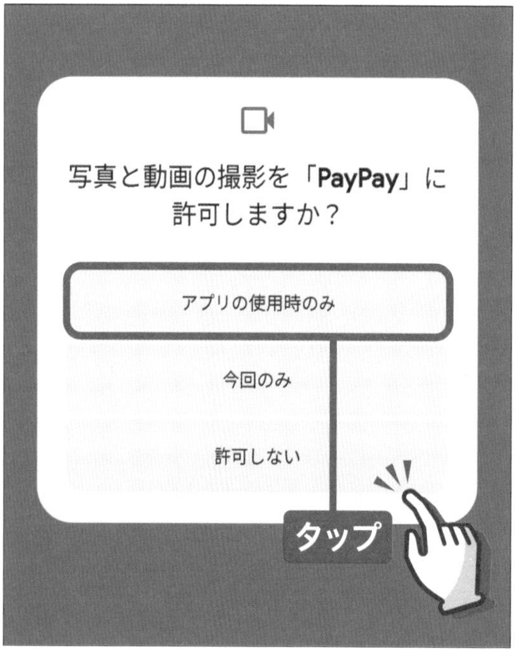

撮影の許可を求められます。

アプリの使用時のみ を
タップします。

アドバイス

撮影の許可は初回時のみ求められます。

6 お店のコードを読み取って支払います

カメラが起動するので、
お店のコードを読み取ります。
次の画面で支払い金額を入力し、
お店の人に確認してもらって
支払いを完了します。

ヒント PayPayクーポンを利用する

PayPayでは、支払いをするだけでお得になるキャンペーンを開催していることもありますが、そのほかにも、事前に獲得しておくことで自動的に適用されるPayPayクーポンを配布しています。
PayPayクーポンは、PayPayアプリのホーム画面で（クーポン）をタップし、PayPayクーポン画面で獲得をタップすると獲得できます。

ヒント スマホ決済とは？

2019年10月からの消費税増税を受けて、キャッシュレス決済が話題となりました。キャッシュレス決済とは現金を使わずに料金を支払う方法のことをいいます。キャッシュレス決済というと、スマートフォンを使った支払いのことだと思っている人が多くいますが、スマホ決済はキャッシュレス決済のうちの1つに過ぎません。すでに私たちの生活でなじみのあるクレジットカードなどのカード決済や、電車などでよく使うSuicaなどのカードタッチ決済もキャッシュレス決済なのです。
スマホ決済とは、スマートフォンに決済アプリをインストールして、アプリのバーコード（QRコード）をお店で読み取ってもらう、またはお店のQRコードを読み取ることで支払いをすることを指します。使うのは難しいように思えますが、一度登録をしてしまえば簡単に決済ができます。
お店によって、さまざまな支払い方法を賢く使い分けている人もいます。

お店の人にコードを読み取ってもらう

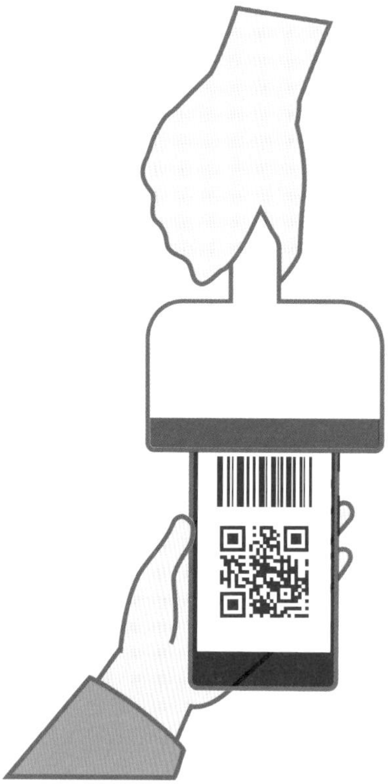

お店のコードを読み取る

ヒント　スマホ決済の特徴

ポイント・クーポンでお得

たいていのスマホ決済のサービスはポイントが貯まります。そのポイントを決済に充てたりすることができます。また、サービスごとにポイント還元セールを行っていることが多いので、お得にポイントが貯まります。ほかにも、クーポンを配信しているサービスもあるので、支払いをさらに安くすることもできます。

セキュリティ

スマホ決済はサービスのアプリを導入しただけでは決済することができません。アプリにお金をチャージするために、銀行口座やクレジットカードなどの登録が必要になります。そのため、セキュリティを強化していることは必須といえるでしょう。電話番号を登録しておく2段階認証や、指紋などの生体認証をしないと決済できないようにするなどしておくと、安心して使うことができます。決済アプリも、常に最新バージョンにしておくことも忘れないようにしましょう。

ヒント　おサイフケータイとは？

Androidスマートフォンの機能のおサイフケータイは、スマホ決済とは異なり、背面にあるおサイフケータイのマークを決済端末にタッチすることで決済ができます。これはどちらかというとカードタッチ決済に近い決済方法といえます。こちらも専用のアプリが必要になるので、詳しくはサービスを提供している各社ホームページを参照してください。なお、機種によってはおサイフケータイが使えないものもあります。

終わり

レッスン 57

そのほかの便利アプリについて確認しよう

Androidスマートフォンは、さまざまな機能のアプリで便利に使うことができます。ここでは、最初からインストールされているグーグルのアプリや、Playストアから無料で入手できる便利な機能のアプリをいくつか紹介します。

ここでの操作 タップ →P.032

電卓

ほとんどのAndroidスマートフォンにあらかじめインストールされている、グーグルの電卓アプリです。
足し算や引き算などの四則演算だけでなく、√（ルート）や三角関数などの複雑な計算もすることができます。

Google Keep

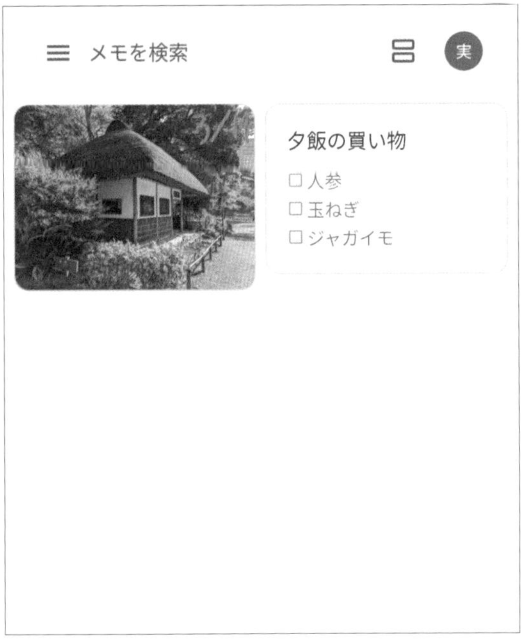

多くのAndroidスマートフォンにはじめからインストールされているメモ帳のアプリです。文字を入力するだけでなく、手書きの図や音声をそのまま保存することができるなど、さまざまな情報を記録しておける便利なアプリです。

Yahoo!天気

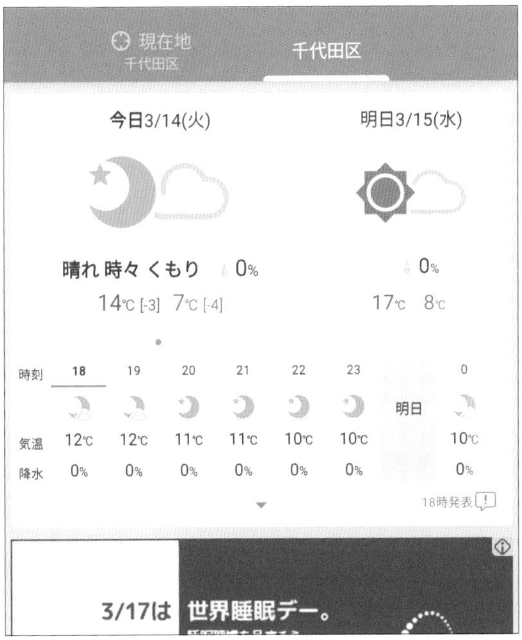

Playストアからインストールすることで使うことのできるヤフーの天気アプリです。最大15日先の予報まで確認することができます。

次のページへ

Googleニュース

グーグルが提供するニュースアプリで、Androidスマートフォンに最初からインストールされています。カテゴリ別でニュースを見ることができます。
また、興味のあるトピックスをフォロー（登録）することで、その項目に関するニュースのみを表示することもできます。

YouTube

グーグルが提供する世界最大級の動画サービス視聴アプリで、はじめからインストールされています。投稿されているさまざまな動画を楽しむことができます。お気に入りの動画を再生リストに保存して、あとから見直すこともできます。

アドバイス

動画や音楽などのサービスでは、データ量が大きいので、Wi-Fiに接続して利用するとよいでしょう。

YouTube Music

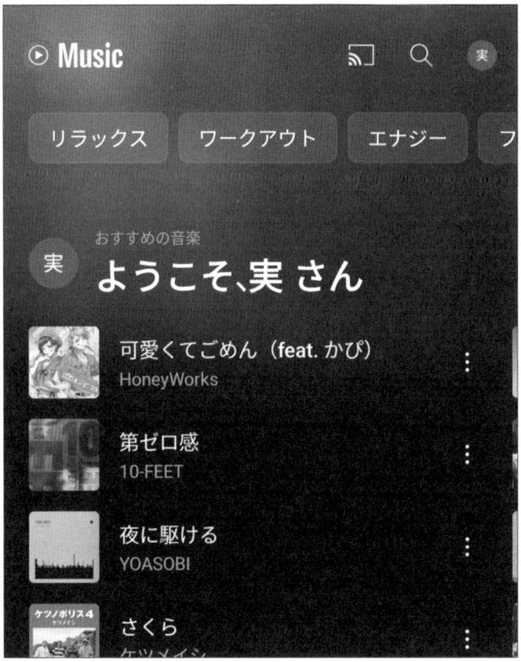

グーグルが提供する音楽ストリーミングサービスを利用するアプリです。無料で音楽を聴くことができます。アプリ内課金（P.244参照）で有料版（2023年4月時点は月額980円）にすると、アプリを閉じた状態でも再生が継続できたり、音楽データを端末にダウンロードしてオフライン再生ができるなど、さまざまな楽しみ方ができます。

radiko

さまざまなラジオ局を聴くことができるアプリで、Playストアからインストールします。現在地に基づいて配信されているラジオ局が表示され、聴きたいラジオ局をタップすると、放送されているラジオ番組が聴けます。

次のページへ

歩数計

Playストアからインストールして使うことのできる歩数計アプリです。必要な操作は START をタップするだけのシンプルさが特長で、歩数だけでなく、消費カロリーや移動距離、歩行時間、時速を確認することもできます。

家族アルバム みてね

家族で写真を共有できる家族アルバムアプリです。Playストアからインストールして無料で利用できます。子供の写真や動画を容量の制限なくアップロードでき、離れたところに暮らす家族と一緒に子供の成長を見守れます。

クラシル

毎日のごはん作りに役立つレシピが見つかるレシピプラットフォームアプリです。Playストアからインストールして利用します。材料からレシピを検索したり、ショート動画などで料理の工程を見ることができます。そのほかにも、掃除や収納などの暮らしに役立つ情報を探したりすることもできます。

Amazonショッピングアプリ

Playストアからインストールできるショッピングアプリです。Amazonでは、本や日用品、ファッション、食品、家電機器など一億種の商品を購入することができます。カメラを使って商品を検索することができるので、欲しい商品をすばやく見つけて安く購入することができます。

終わり

ステップアップ

Q. 有料アプリやアプリ内課金って？

A. 有料でインストールするアプリと、アプリ内で有料コンテンツを購入することです

Playストアには無料でインストールできるアプリのほかに、有料のアプリもあります。有料のアプリは、P.209の インストール の代わりに料金を表示したボタンが表示されるので、タップしてアプリを購入します。
また、アプリにはアプリ内で購入できるコンテンツ（アプリ内課金）がある場合（例・LINEアプリのコイン）があります。多くのアプリでは、アプリ内課金は、絶対に使わなければならないわけではなく、より便利に使える機能が追加されます。
購入する場合は、Googleアカウントにクレジットカード情報を入力したり、コンビニなどでGoogle Playギフトカードを購入してGoogleアカウントにチャージしたりする必要があります。詳しくは取扱説明書や各社ホームページを参照してください。

9章

LINEを活用してみよう

レッスンをはじめる前に

無料でメッセージのやり取りが楽しめます

LINEアプリでは、トークと呼ばれるチャットのような機能で友だちや家族とメッセージのやり取りを行うことができます。1対1だけでなく、複数の人とトークができるグループ機能もあります。また、LINE独自のスタンプという機能を使って、相手に感情を伝えたり、写真を送ったりすることもできます。

1対1でのトーク

グループでのトーク

通話もできます

LINEアプリでは、トークのほかに友だちや家族と通話をすることができます。通常の電話と違い、インターネットを通じて通話をするので、通話料は無料ですが、データ通信を使います。しかし、Wi-Fiの環境下で行えば、データ通信量の制限を気にせずに長時間通話をすることも可能です。また、通話にはもう1つビデオ通話という機能もあります。こちらはスマートフォンのフロントカメラを使って、お互いの顔を見ながら通話ができるものです。なお、通話機能は複数人のグループで行うことも可能です。

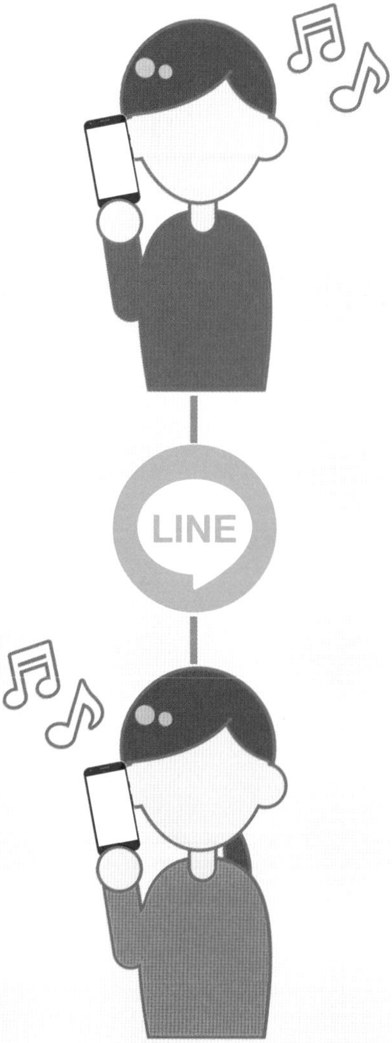

レッスン 58

LINEのアカウントを登録しよう

LINEを利用するには、まずアカウントを作成する必要があります。
その流れを確認しましょう。

ここでの操作 ⇒ タップ →P.032

1 LINEアプリを起動します

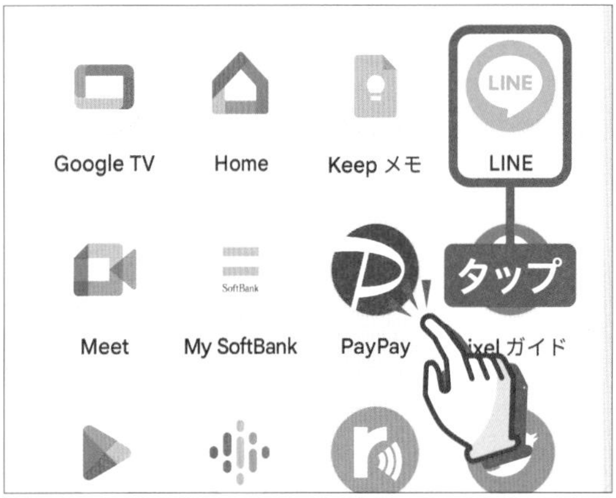

P.204からを参考に
LINEアプリをインストールし、
P.49を参考に
アプリ一覧画面を表示します。

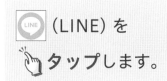

(LINE) を
タップします。

LINEが起動します。

新規登録 を
タップします。

② 電話へのアクセスを許可します

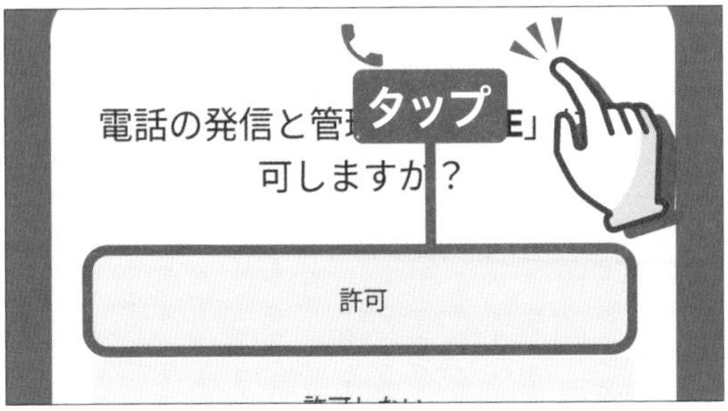

LINEは電話番号を
登録する必要があるので、
電話へのアクセスを許可します。

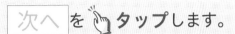

次へ をタップします。

許可 をタップします。

③ 電話番号が自動入力されます

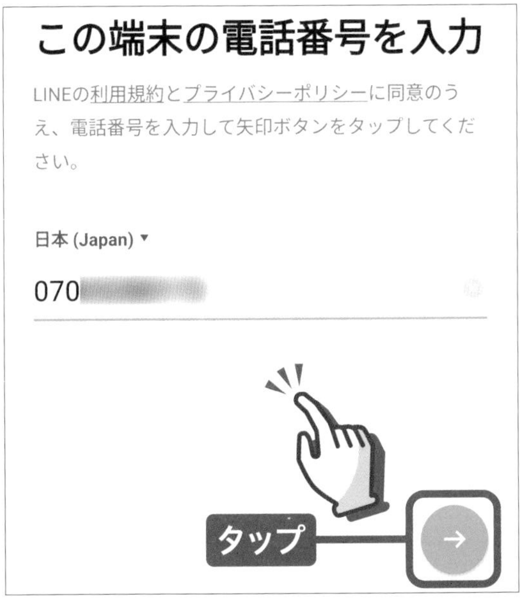

電話へのアクセスを許可していると、電話番号が自動的に入力されます。

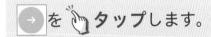

→ をタップします。

アドバイス

電話へのアクセスを許可していない場合は、自分の電話番号を入力します。

次のページへ

④ 認証番号を確認します

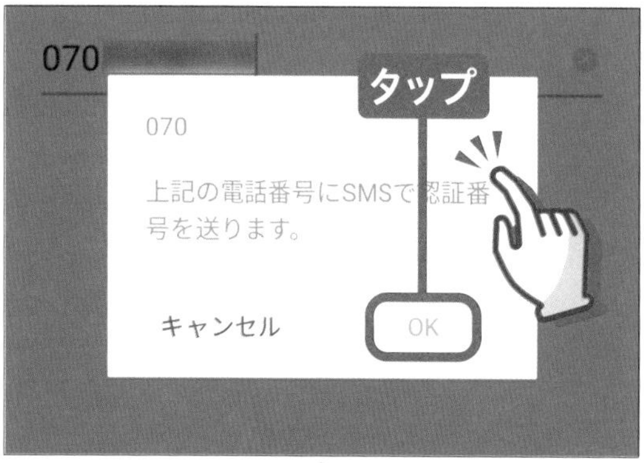

OK を タップします。

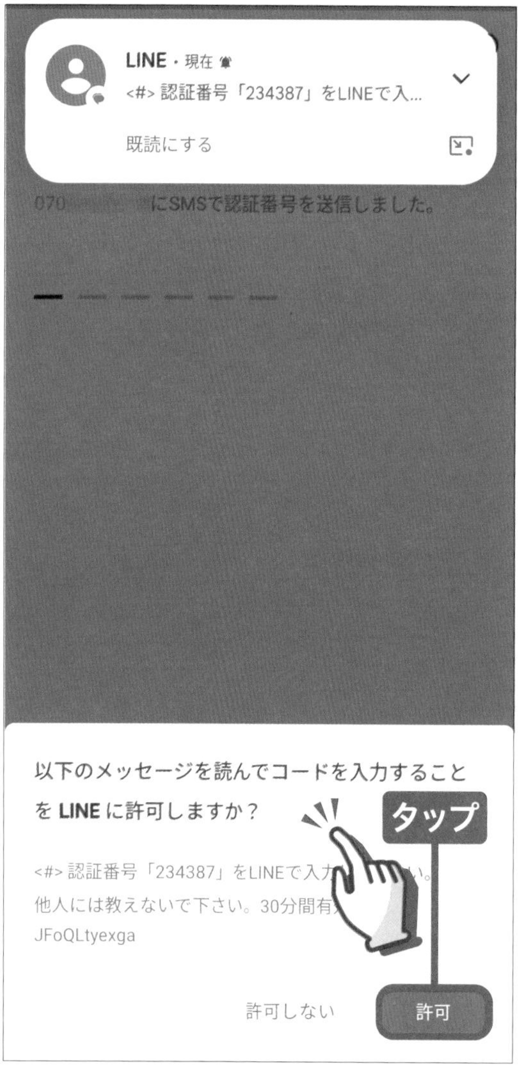

認証番号の入力画面が表示されます。認証番号をSMS（＋メッセージアプリ）（P.142参照）で受信すると、通知と許可画面が表示されます。

許可 を タップします。

認証番号が自動的に入力され、次の画面に移動します。

許可画面が表示されず、認証番号が自動で入力されなかった場合は、SMS（＋メッセージアプリ）に届いたメッセージを確認して、6桁の番号を入力しましょう。

❺ 新規にアカウントを作成します

すでにアカウントをお持ちですか？
この電話番号で登録されているLINEアカウントはありません。
以前の端末の電話番号で登録していた場合は、以前の電話番号またはメールアドレスを使ってアカウントを引き継げます。
アカウントを引き継ぎますか？
タップ
アカウントを引き継ぐ
アカウントを新規作成

すでにアカウントをお持ちですか？画面が表示されます。

［アカウントを新規作成］をタップします。

アドバイス

機種変更などで、すでにアカウントを持っている場合は［アカウントを引き継ぐ］をタップしましょう。引き継ぎはP.278からを参照してください。

電話番号が登録されているアカウントがあると、おかえりなさい、○○！画面が表示されます。自分のアカウントでない場合は［いいえ、違います］をタップしましょう。

❻ アカウント名を入力します

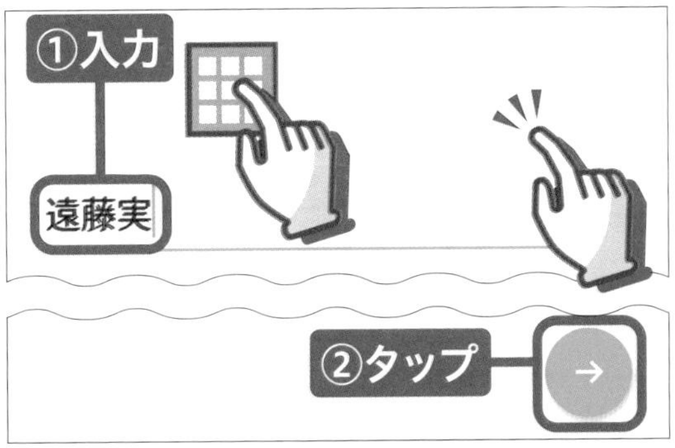

LINEに登録する自分の名前を入力します。

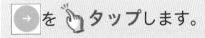

［→］をタップします。

7 パスワードを登録します

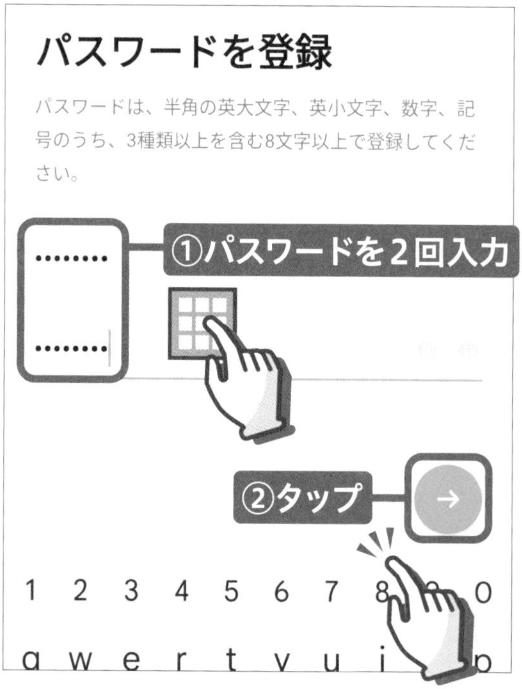
パスワードを登録
パスワードは、半角の英大文字、英小文字、数字、記号のうち、3種類以上を含む8文字以上で登録してください。
①パスワードを2回入力
②タップ
1 2 3 4 5 6 7 8 9 0
q w e r t y u i o p

登録するパスワードを2回 入力します。

→ を タップします。

アドバイス

パスワードは半角英大文字、英小文字、数字、記号のうち3種類を含む8文字以上が必要です。

8 友だちの自動追加の設定をします

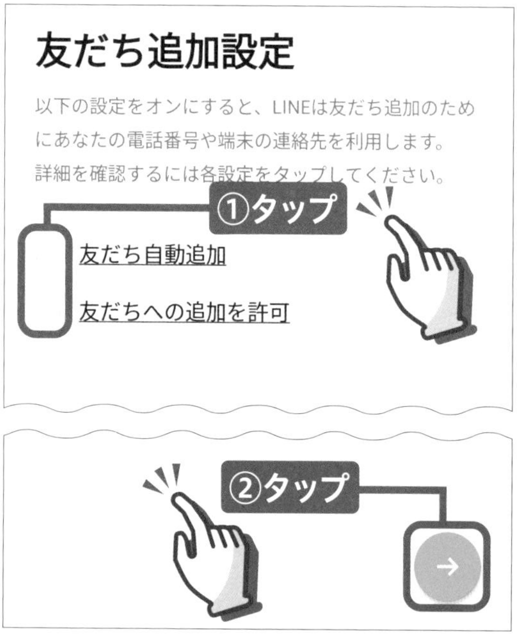
友だち追加設定
以下の設定をオンにすると、LINEは友だち追加のためにあなたの電話番号や端末の連絡先を利用します。詳細を確認するには各設定をタップしてください。
①タップ
友だち自動追加
友だちへの追加を許可
②タップ

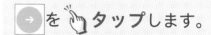

友だち追加設定画面が表示されます。オンにしておくと、連絡帳アプリから自動的に追加されてしまうので、ここではオフにします。

2ヶ所の ✓ をそれぞれ タップして、□（オフ）にします。

→ を タップします。

9 年齢確認の設定をします

年齢確認画面が表示されます。

あとでを タップします。

年齢確認をしなくても基本機能は使えます。ただ友だちを検索して追加するには確認が必要です（P.263参照）。

10 情報利用に同意します

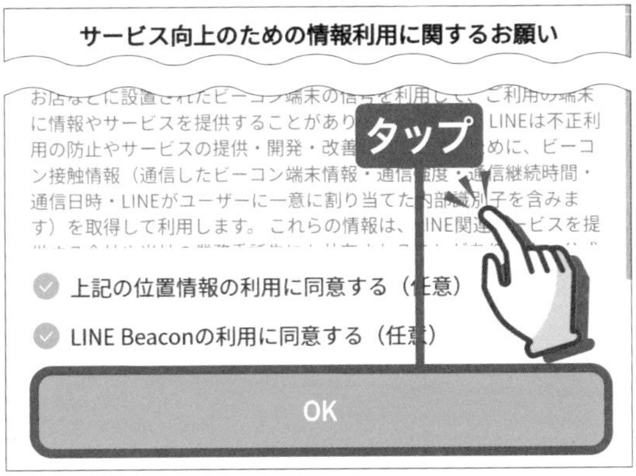

サービス向上のための情報利用に関するお願い
タップ
に情報やサービスを提供することがあり
LINEは不正利
用の防止やサービスの提供・開発・改善
めに、ビーコ
ン接触情報（通信したビーコン端末情報・通信
通信継続時間・
通信日時・LINEがユーザーに一意に割り当てた
子を含みま
す）を取得して利用します。これらの情報は、
ビスを提
上記の位置情報の利用に同意する（任意）
LINE Beaconの利用に同意する（任意）
OK

サービス向上のための情報利用に関するお願い画面が表示されます。

同意するを タップします。

次に位置情報の利用についての同意を求められます。
内容を確認して大丈夫であれば、✓のままにします。

OKを タップします。

⑪ 位置情報のアクセスを許可します

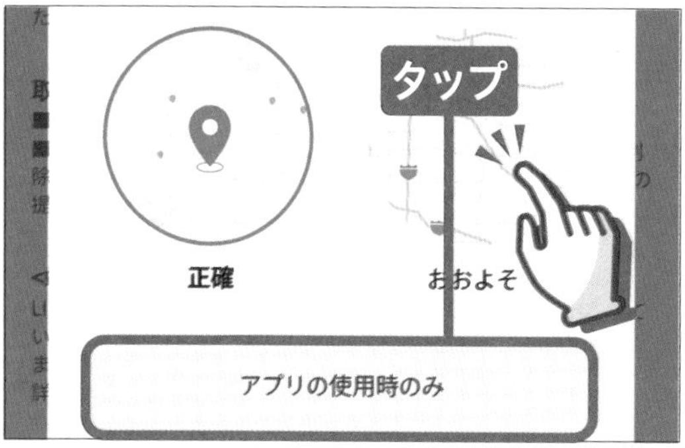

位置情報のアクセス許可画面が表示されます。

アプリの使用時のみ を タップします。

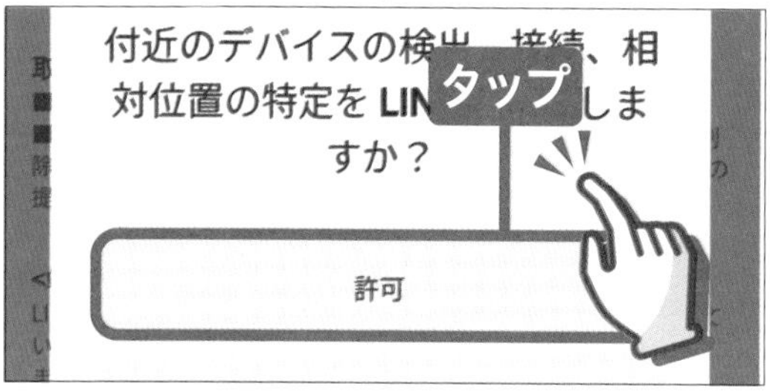

付近のデバイスに関する許可画面が表示されます。

許可 を タップします。

⑫ バッテリー使用量の設定をする

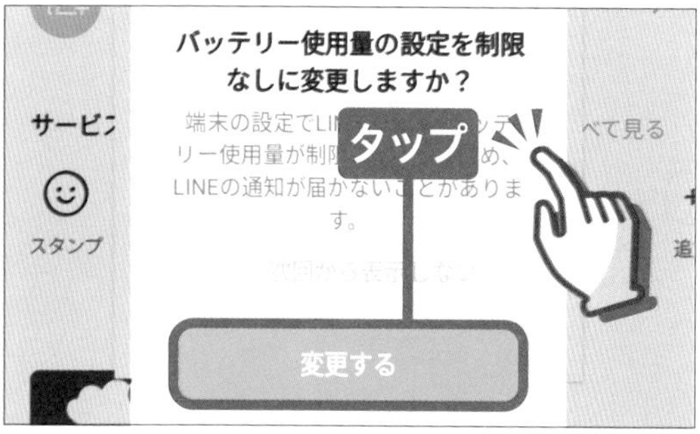

データの同期が完了すると、バッテリー使用量の設定を制限なしに変更しますか？画面が表示されます。

変更する を タップします。

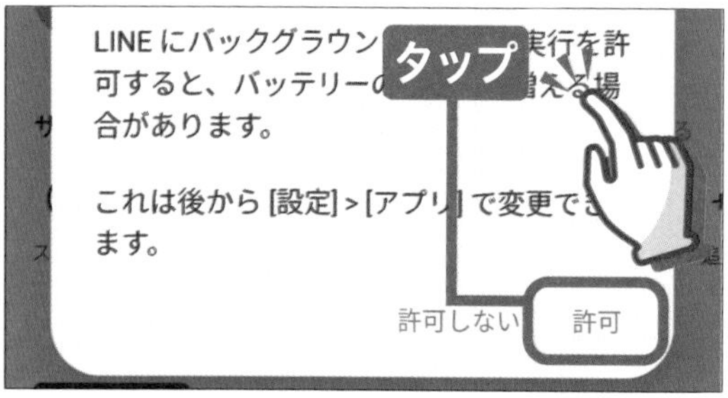

バックグラウンドでの常時実行の許可画面が表示されます。

許可 を タップします。

13 LINEの友だちを連絡先に追加する

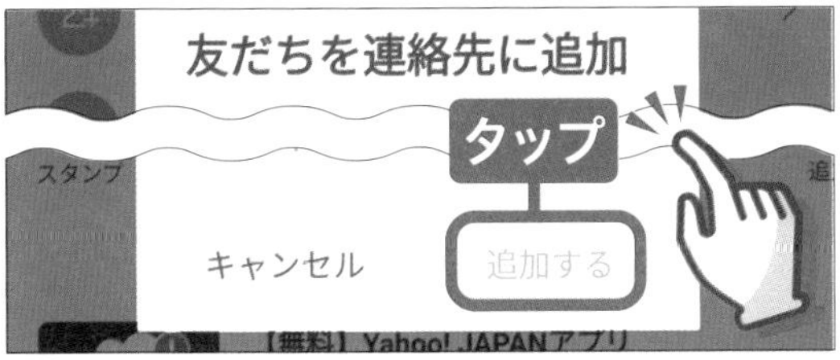

LINEの友だちを連絡先に
追加画面が表示されます。

追加する を タップします。

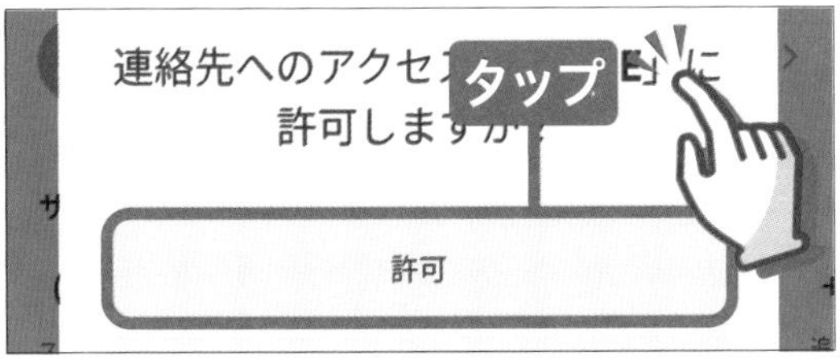

連絡先へのアクセス許可画面が
表示されます。

許可 を タップします。

14 通知を許可します

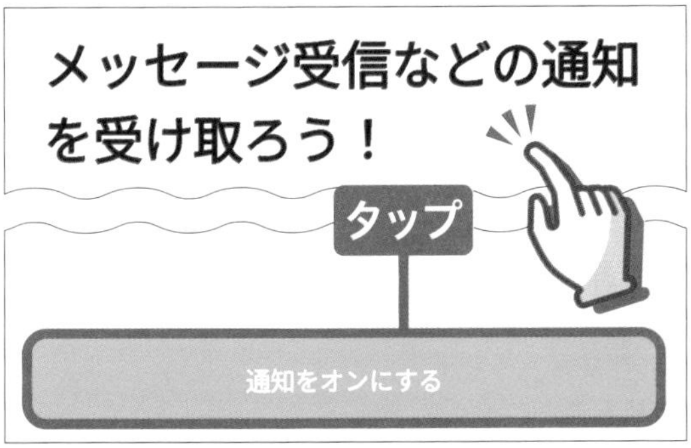

メッセージ受信などの通知を
受け取ろう！画面が
表示されます。

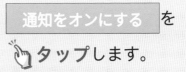

通知をオンにする を
タップします。

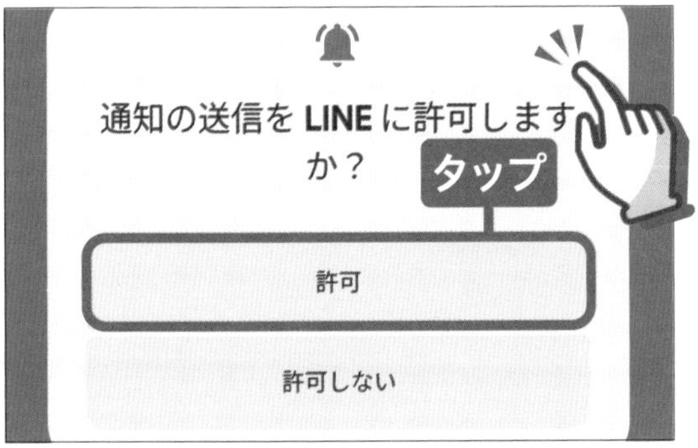

通知の許可画面が
表示されます。

許可 を タップします。

登録が完了し、
LINEのホーム画面が表示されます。

終わり

レッスン 59

プロフィールにアイコンを設定しよう

LINEアカウントに自分のプロフィールを設定しましょう。
とくに相手にわかりやすいようにアイコンを設定しておくとよいでしょう。

ここでの操作 ⇒ タップ →P.032 ドラッグ →P.033

1 プロフィールを開きます

P.248を参考に
LINEアプリを起動し、
画面下で
（ホーム）タブを開きます。

画面右上の⚙を
タップします。

設定画面が開きます。

プロフィール を
タップします。

②アイコンを設定します

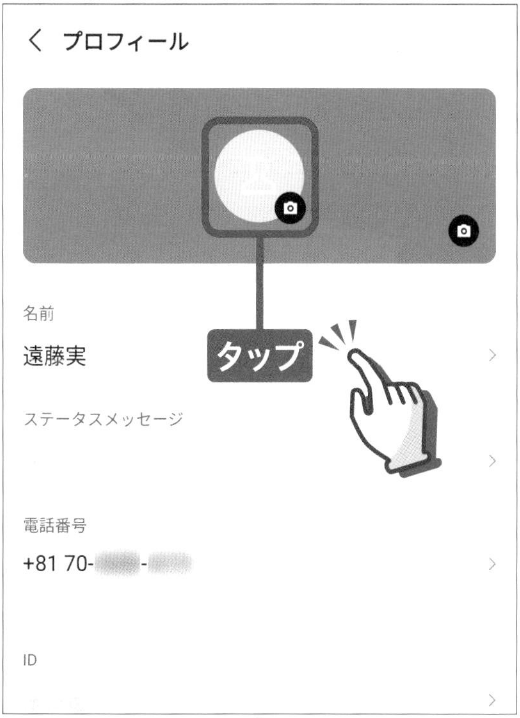

プロフィール画面が開きます。ここではプロフィール画像を変更していきます。

をタップします。

アドバイス

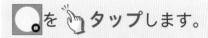

ほかのプロフィール項目も、必要なら設定しておくとよいでしょう。

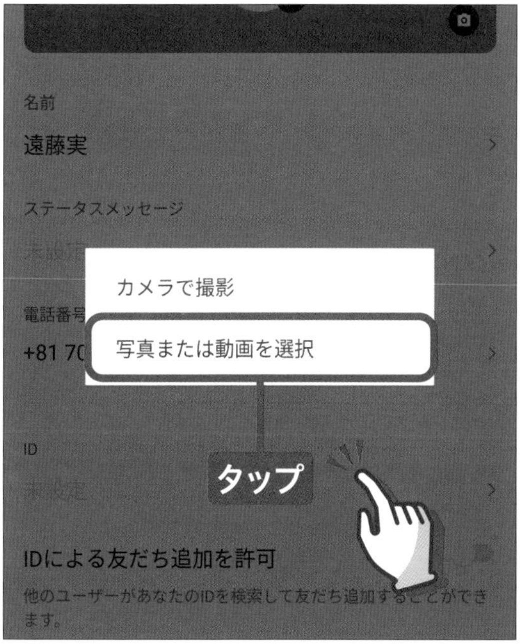

写真または動画を選択 をタップします。

カメラで撮影して、アイコンに設定することもできます。

次のページへ

③アイコンにする写真を選択します

端末の写真一覧が表示されます。

アイコンに設定したい写真を**タップ**します。

写真と動画へのアクセス許可を求められたら許可をしましょう。

④アイコン表示部分を設定します

写真を上下左右に**ドラッグ**してアイコンにしたい部分を決定します。

次へ を**タップ**します。

5 写真がアイコンに設定されます

完了を タップします。

写真は画面右側のメニューをタップして、加工・編集することもできます。

アイコンに写真が設定されます。

アドバイス

ホーム画面に戻るには、ナビゲーションバーの戻るキーをタップするか、プロフィール画面や設定画面の左上の＜をタップします。

終わり

レッスン 60

友だちを追加しよう

LINEでトークをするには、まず友だちを追加しましょう。いくつか方法がありますが、ここではQRコードを使っての追加方法を紹介します。

ここでの操作 → タップ →P.032

1 友だち追加画面を表示します

P.248を参考にLINEアプリを起動し、画面下で（ホーム）タブを開きます。

をタップします。

友だち追加画面が表示されます。

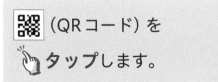

（QRコード）をタップします。

② 相手のQRコードを読み取ります

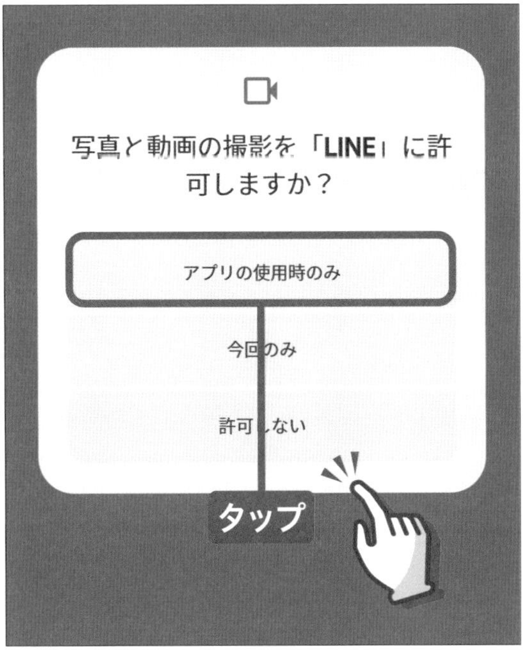

許可を求められたら アプリの使用時のみ をタップします。

アドバイス

このとき、相手のスマートフォンでLINEのQRコードを表示してもらってください。

スマートフォンのカメラで相手のLINEのQRコードを映して読み取ります。

アドバイス

相手にQRコードを読み取ってもらう場合は、マイQRコード をタップすると自分のLINEのQRコードが表示されます。相手に読み取ってもらいましょう。

次のページへ

3 相手を友だちに追加します

相手のQRコードを読み込んで友だちの情報が表示されます。

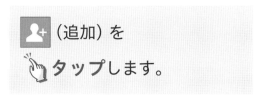

（追加）を

タップします。

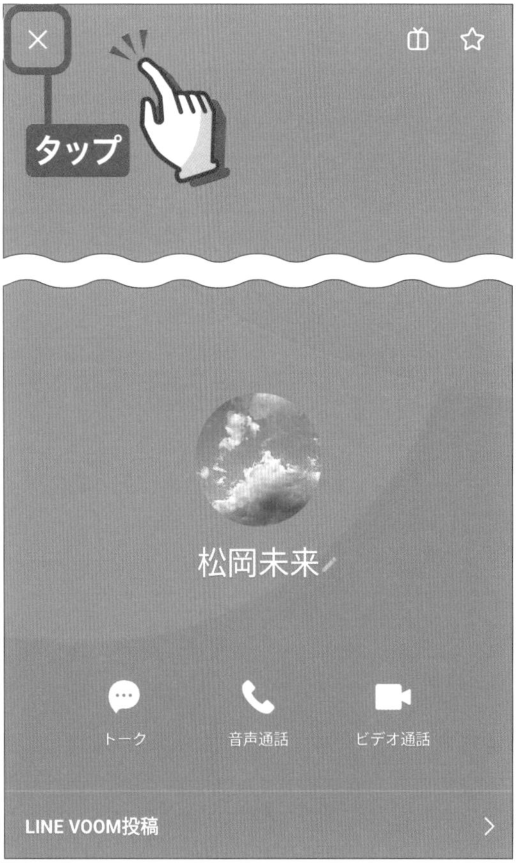

アイコンなどが変化し、友だちに追加されます。

画面左上の✕を

タップして閉じます。

アドバイス

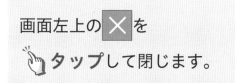

追加した友だちはホーム画面の「友だちリスト」（P.264参照）に追加されています。

ヒント 友だちを追加するほかの方法

LINEではQRコードで友だちを追加するほかに、「ID検索」や「電話番号検索」で友だちを検索することができます。検索をするには、P.253の手順⑨で年齢確認をしておく必要があります。また、検索相手も年齢確認をしていないと検索結果に表示されません。あとから年齢確認を行う場合は、ホーム画面の右上にある⚙→「年齢確認」→「年齢確認結果」をタップします。年齢確認はキャリアごとに異なるので、画面の指示にしたがって設定をしましょう。電話番号検索では、相手が電話番号で友だちへの追加の許可をしている必要があります。相手に自分の電話番号を検索してもらうには、ホーム画面の上部にある👤+→⚙→「友だちへの追加を許可」をタップして許可しましょう。

なお、自分のLINE IDを設定するには、P.257のプロフィール画面から行います。ID検索で友だち追加してもらいたいときは「IDによる友だち追加を許可」をタップして許可しましょう。LINE IDは一度設定すると変更することができないので、注意して設定をしてください。

LINE IDや電話番号で相手を検索

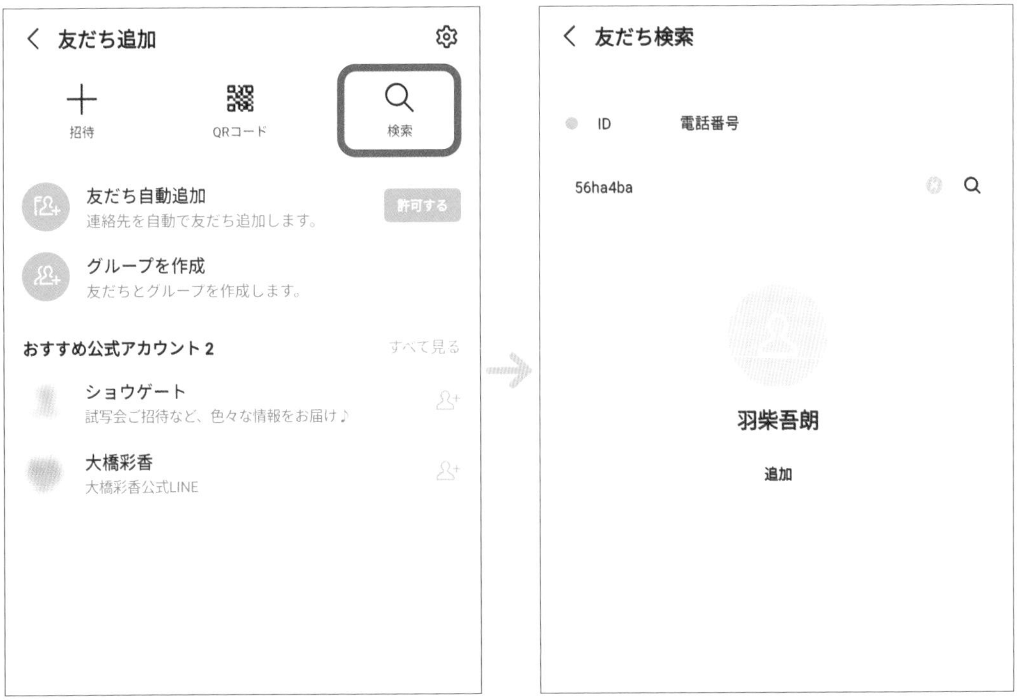

終わり

レッスン 61

トークをしよう

友だちを追加したらさっそくトークをしてみましょう。SMS（P.142参照）のようにメッセージのやり取りやスタンプを送ることができます。

ここでの操作 ⇒ タップ →P.032

1 友だちとのトーク画面を開きます

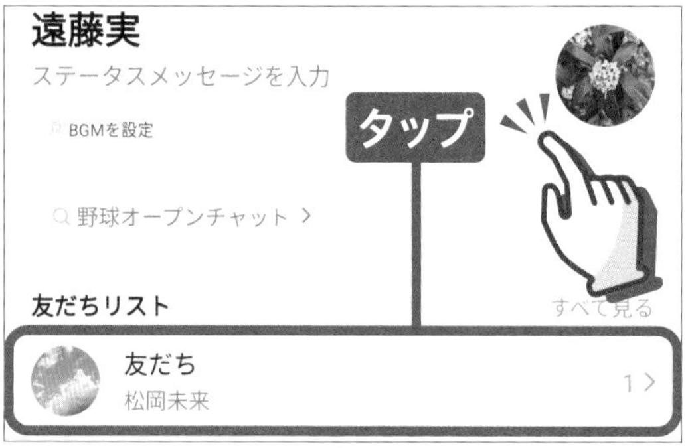

P.248を参考にLINEアプリを起動し、（ホーム）タブを開きます。

友だちリストの 友だち をタップします。

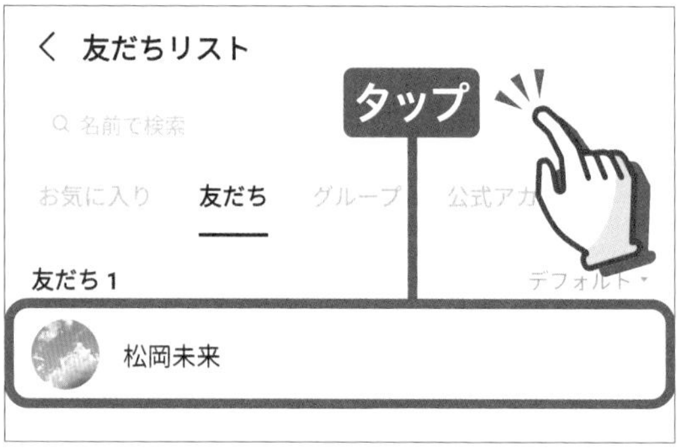

トークしたい相手をタップします。

アドバイス

（トーク）タブをタップすると、過去にトークした友だちが一覧で表示されます。

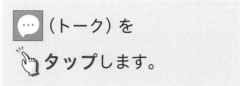

（トーク）をタップします。

② メッセージの入力ボックスをタップします

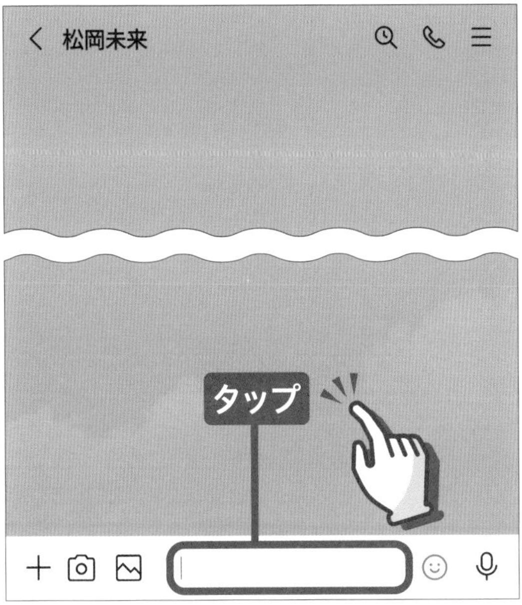

トーク画面が開きます。

メッセージを送る場合は、
の
空白の部分を
タップします。

③ メッセージを入力して送ります

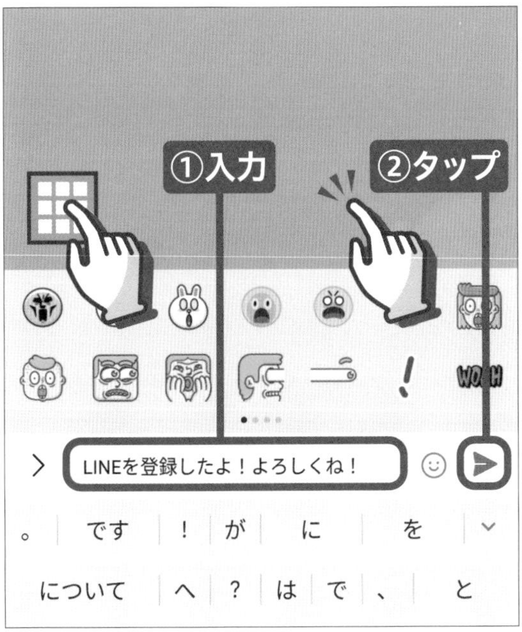

メッセージを
入力します。

を タップします。

次のページへ

④ 相手にメッセージが送信されます

相手にメッセージが送信されます。

相手がメッセージを読むと、既読が表示されます。

ヒント 相手のメッセージを受信した場合は

相手からのメッセージを受信すると、通知で表示されます。LINEアプリを起動すると、💬（トーク）タブに数字のマークが付き、💬（トーク）タブを開いて相手をタップしてメッセージを確認できます。

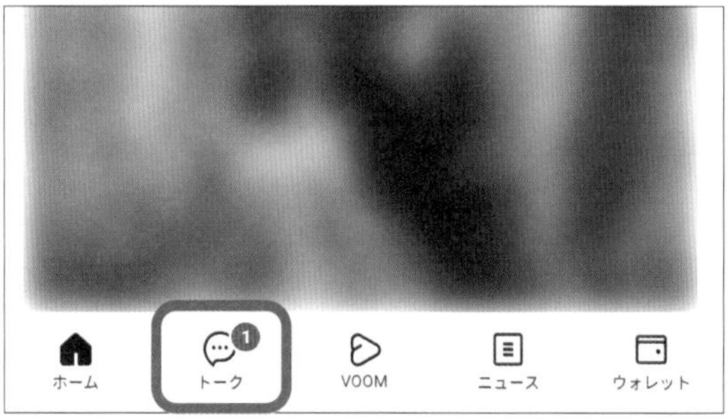

ヒント スタンプを送ろう

LINEのトークでは、スタンプを送ることができます。スタンプを送りたい場合は、トーク画面のメッセージ入力の☺をタップして、送りたいスタンプをタップして選択し、もう一度タップすると相手に送信されます。LINEアプリをインストールすると、無料のスタンプが何種類か用意されていますが、それ以外にも、LINEアプリの🏠（ホーム）タブを開いた「サービス」の項目にある「スタンプ」を選択すると、スタンプショップから有料スタンプなどを購入して追加することができます。詳しくはLINEの公式ホームページを参照してください。

終わり

レッスン 62

グループに参加しよう

トークでは1対1のほかに、複数人でグループトークを楽しむことができます。ここではグループに招待された場合にどうするかを解説します。

ここでの操作 ⇒ タップ →P.032

1 グループを開きます

P.248を参考にLINEアプリを起動し、🏠（ホーム）タブを開きます。

友だちリストの グループ をタップします。

トークしたいグループをタップします。

アドバイス

友だちがグループを作り、あなたのことをグループに追加すると、友だちリストの「グループ」にグループ名が表示されます。

2 グループに参加します

(トーク) を
タップします。

3 グループでトークします

グループのトーク画面が
表示され、
複数人でトークを
楽しむことができます。

アドバイス

グループでトークすると、(トーク) タブの一覧にグループ名で表示されます。退会したいときはトーク画面の右上の☰をタップして、(退会) をタップします。

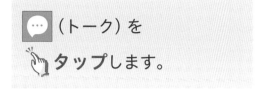

終わり

レッスン 63

写真を送ってみよう

LINEのトーク画面では、相手に写真を送ることができます。
また、その場で撮影した写真をすぐ送ることもできます。

ここでの操作 ⇒ タップ →P.032　ロングタッチ →P.033

1 トーク画面から写真を選択します

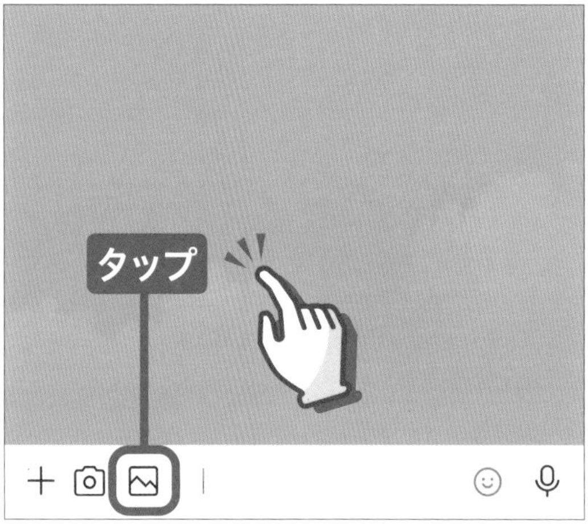

P.264を参考に
相手とのトーク画面を開きます。

[画像アイコン]をタップします。

アドバイス

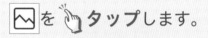

その場で撮影した写真を送りたい場合は[カメラアイコン]をタップします。

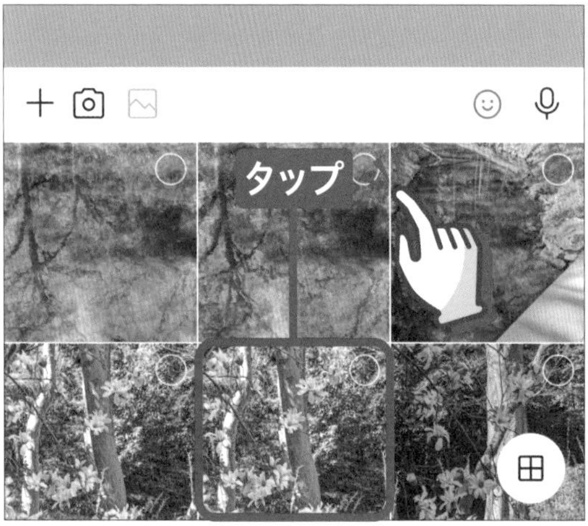

端末に保存されている
写真が一覧表示されます。

送りたい写真を
タップします。

②写真を送ります

選択した写真を確認して、
▶をタップします。

アドバイス
画面右側のメニューをタップして、写真を加工・編集することもできます。

③写真が送信されます

相手とのトーク画面に
写真が送信されます。

アドバイス
相手から写真が送られてきたときは、写真をタップすると拡大して表示できます。

次のページへ

Keepに写真を保存する

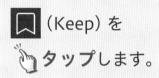

保存したい写真を**ロングタッチ**します。

（Keep）を**タップ**します。

アドバイス

トーク画面の写真は一定期間が過ぎると消えてしまうので、残したい写真はKeepや保存をしておきましょう。

Keepを**タップ**します。

Keepに写真が保存され、（ホーム）タブのから閲覧できます。

写真を端末にダウンロードする

写真を タップして拡大表示します。

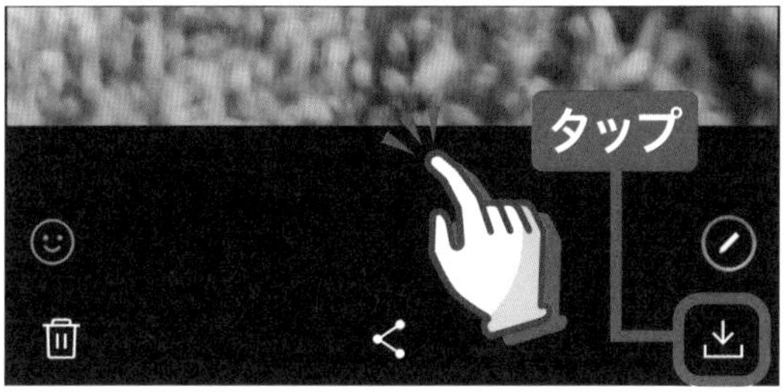

をタップします。

ヒント フォトアプリで閲覧するときの注意

端末に保存した写真は、フォトアプリ（P.168参照）で閲覧することができます。ただ、フォトアプリの設定によっては、（フォト）タブの一覧には表示されないことがあります。その場合は、（ライブラリ）タブをタップしましょう。ライブラリ画面では「カメラ」「Download」などの種類で写真が分けられており、LINEアプリで保存した写真は「LINE」の中に保存されています。

終わり

レッスン

64 無料通話をしよう

LINEではデータ通信を使って友だちと通話をすることができます。
データ通信を使うため、通話料が別途発生しません。

ここでの操作 ⇒ タップ →P.032

1 無料通話を選択します

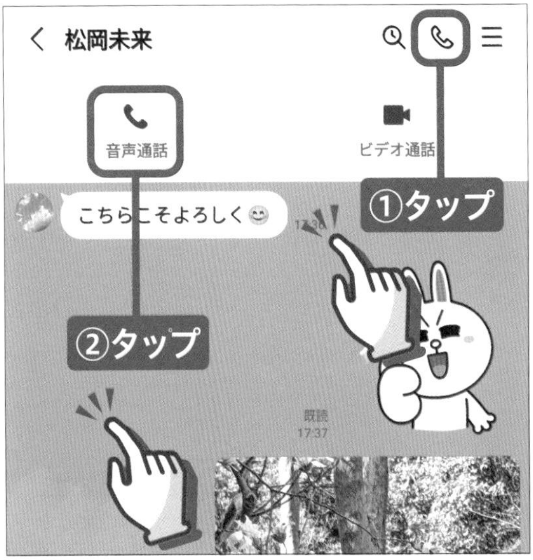

P.264を参考に
相手とのトーク画面を開きます。

をタップします。

（音声通話）を
タップします。

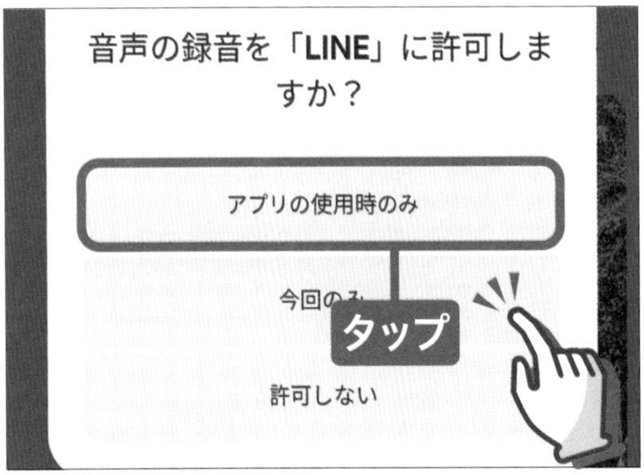

許可を求められた場合は
アプリの使用時のみ を
タップします。

②通話を開始します

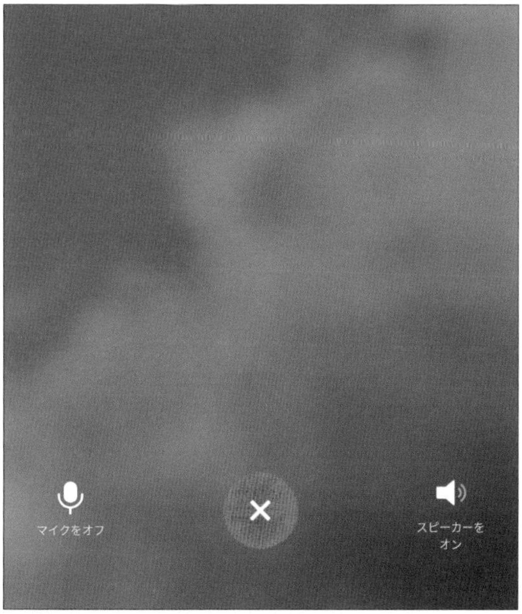

相手に電話が発信されます。
相手が電話に出ると
通話が開始されます。

アドバイス

LINEでの通話はデータ通信を使って行っています。そのため通話料金ではなく、データ通信が使われるので、データ通信容量制限がある契約の場合は注意してください。あらかじめWi-Fiにつないでおいて（P.96参照）通話をすると、データ通信容量を気にしないで長時間通話ができます。

③通話を終了します

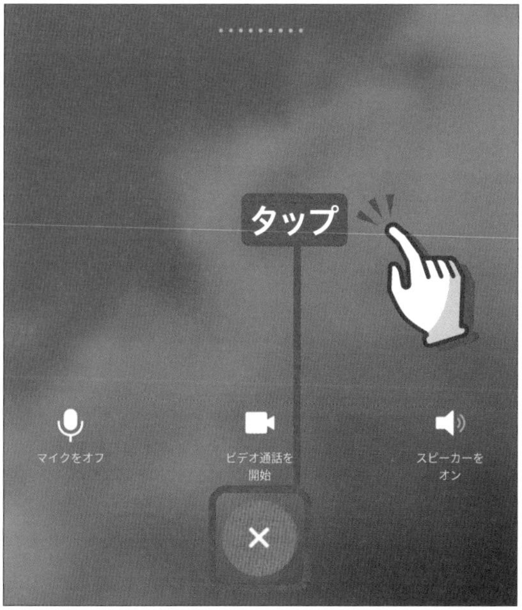

通話を終了する場合は、
×をタップします。

アドバイス

通話中に🎤をタップするとミュートに、📹をタップするとビデオ通話に、🔊をタップするとスピーカーモードに切り替わります。

終わり

レッスン 65

ビデオ通話をしよう

ビデオ通話を利用すると、相手の顔を見て会話をすることができます。また、一時的にミュートにしたりカメラをオフにすることも可能です。

ここでの操作 ⇒ タップ →P.032

1 ビデオ通話を選択します

P.264を参考に相手とのトーク画面を開きます。

（電話アイコン）を タップします。

（ビデオアイコン）（ビデオ通話）を タップします。

②ビデオ通話を開始します

相手にビデオ通話が
発信されます。
相手がビデオ通話に応じると
ビデオ通話が開始されます。

アドバイス

ビデオ通話も通話と同じくデータ通信を使って行われています。また、通話よりもさらに多くの通信容量が使われるため、Wi-Fiにつないで（P.96参照）の利用をおすすめします。

③ビデオ通話を終了します

ビデオ通話を終了する場合は、
×をタップします。

アドバイス

通話中にマイクをタップするとミュートに、カメラをタップするとカメラをオフにすることができます。

終わり

レッスン 66 機種変更に伴うLINEのアカウント移行をしよう

機種変更をする際に、LINEのアカウント移行設定も行いましょう。
移行はかんたんに行えますので、慌てずに設定しましょう。

ここでの操作 → タップ →P.032

1 トークのバックアップを開きます

機種変更前の古い端末で引き継ぎの設定を行います。P.248を参考にLINEアプリを起動し、（ホーム）タブを開きます。

⚙をタップします。

トークのバックアップ・復元をタップします。

② トークをバックアップします

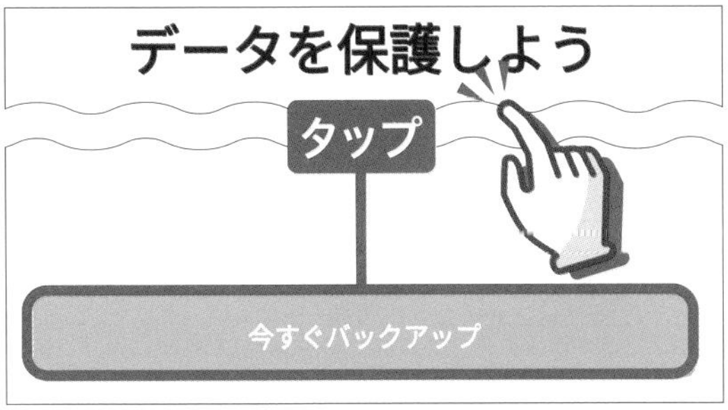

初回時はデータを保護しよう画面が表示されます。

今すぐバックアップ をタップします。

以降は画面の指示にしたがってバックアップ用の数字6桁のPINコードの設定とトーク履歴を保存するGoogleアカウントの選択を行います。

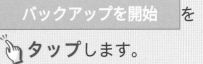

バックアップを開始 をタップします。

アドバイス

次回以降は手順①のあとにトーク履歴のバックアップ・復元画面が表示されます。なお、バックアップの設定をすると、1週間に1回の頻度でトーク履歴が自動バックアップされます。

③ 引き継ぎのQRコードを表示します

く をタップして設定画面に戻り、かんたん引き継ぎQRコード をタップして引き継ぎ用のQRコードを表示します。

次のページへ

④ 機種変更した端末でLINEを起動します

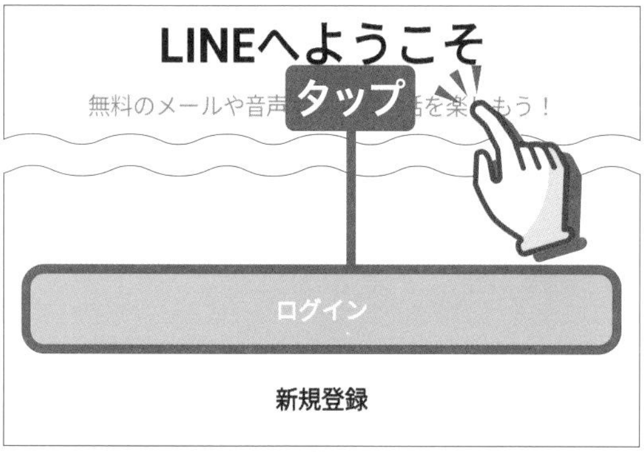

P.204を参考に、機種変更した端末にLINEアプリをインストールします。
P.248を参考にLINEアプリを起動します。

ログイン を
タップします。

QRコードでログイン を
タップします。

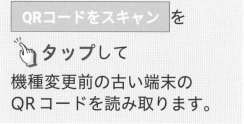

QRコードをスキャン を
タップして
機種変更前の古い端末の
QRコードを読み取ります。

機種変更前の古い端末にQRコードスキャンの確認が表示されるので、 はい、スキャンしました → 次へ をタップします。
以降は、機種変更した端末の画面にしたがって、LINEアカウントのログインとトーク履歴の復元を行います。

終わり

10章

こういうとき どうする？Q&A

Q1 Googleアカウントの2段階認証って？

A. 電話番号を登録して、セキュリティを高める機能です

Googleアカウントでは、セキュリティを高めるため2段階認証を導入することができます。2段階認証とは電話番号をアカウントに登録することにより、Googleアカウントにログインをする際に、登録した電話番号に6桁の数字の暗号コードが届きます。これを入力することによりログインできるようになります。第三者からの悪質なログインを防ぐことができるので、導入を検討しましょう。

P.83を参考に設定アプリのGoogle画面を表示します。

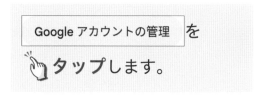

Google アカウントの管理 をタップします。

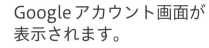

Googleアカウント画面が表示されます。

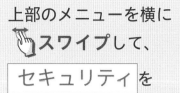

上部のメニューを横にスワイプして、セキュリティをタップします。

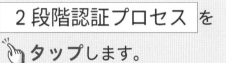

2段階認証プロセスをタップします。

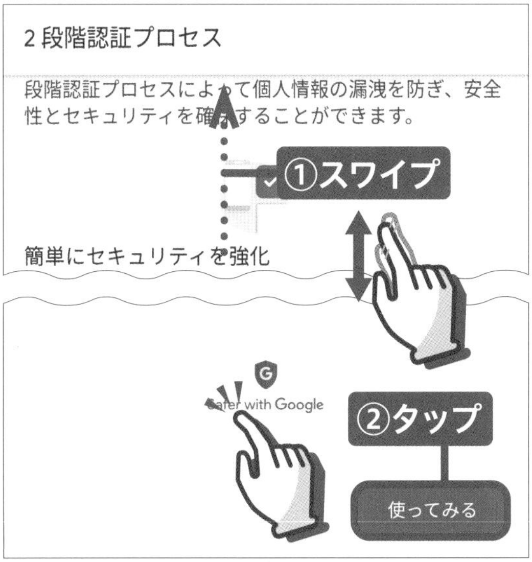

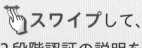

スワイプして、2段階認証の説明を確認します。

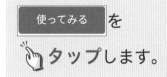

使ってみるをタップします。

続行をタップします。

次のページへ

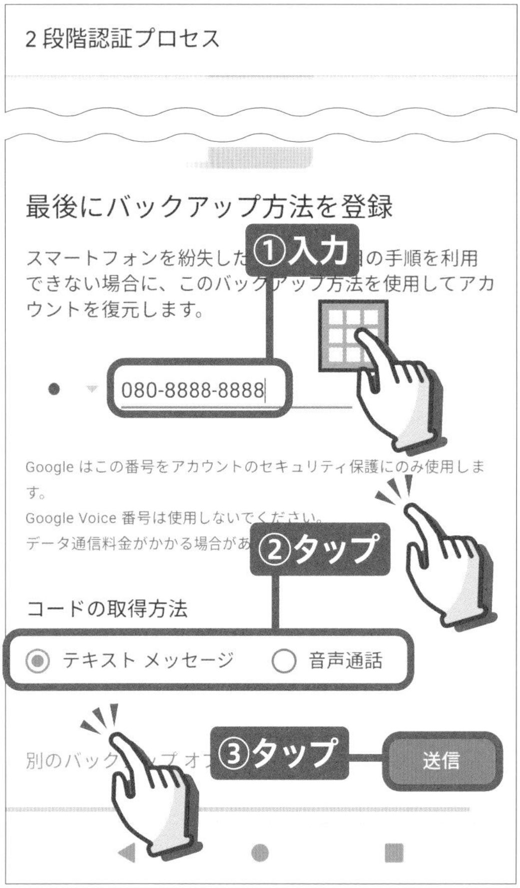

電話番号を入力する画面まで進んだら、
スマートフォンの電話番号を入力します。

コードの取得方法をタップして選択します。

送信をタップします。

選択した取得方法で
コードが届くので確認して、
次の画面でコードを入力します。

ヒント　機種変更する場合の２段階認証の対応

電話番号を変更せずに機種変更する場合は特別な操作は必要ありません。Googleアカウントでログインする場合に2段階認証が求められるだけです。しかし、電話番号を変更する場合は、必ず機種変更前に2段階認証をオフにしておき、機種変更後に再度オンにしましょう。P.283のGoogleアカウント画面から 2段階認証プロセス をタップし、Googleアカウントのパスワードを入力して、オフにする をタップすると、2段階認証がオフになります。

Q2 操作ができなくなって困った！

A. 端末を強制再起動しましょう

スマートフォンの操作中にフリーズして、画面を触っても何も反応しなくなってしまった場合、端末を強制再起動しましょう。再起動することによって操作できるようになることがあります。再起動しても操作できない場合は、端末を購入したお店やキャリア・メーカーのホームページから問い合わせをしましょう。

主な機種の強制再起動方法

Google Pixel（6以降）	電源ボタンと音量ボタンの上部を数秒間長押しします。
Xperia	音量ボタンの上部と電源ボタンを同時に長押しして電源がオフになったら再度電源ボタンを長押ししてオンにします。
AQUOS	電源ボタンを8秒以上長押しして電源がオフになったら、再度電源ボタンを長押ししてオンにします。
Galaxy	音量ボタンの下部と電源ボタンを同時に7秒以上長押しします。

Q3 電池の減りが早いんだけど？

A. 省エネ設定を使ってみましょう

Androidスマートフォンには、電池の減り方を減らすことができる省エネ機能が多くの機種に用意されています。Google Pixelではバッテリーセーバー、XperiaではSTAMINAモードなど機種によって名称は異なりますが、機能はほぼ同じです。この機能をオンにしておくことで、電池を長持ちさせることができます。省エネ機能は設定アプリから設定ができるので、自分の端末で確認をしておきましょう。省エネ機能を使っても電池の減り方が早いと感じる場合は、内蔵されているモバイル電池が寿命の可能性があります。電池は長く利用していると劣化するものなので、電池の減り方が早くなってしまいます。気になる場合は、端末を購入したお店で相談するとよいでしょう。有料になりますが電池を交換できる場合もあります。

Q4 スマートフォンを盗難・紛失してしまった！

A. パソコンからスマートフォンを探しましょう

スマートフォンを紛失してしまった場合、位置情報をオンにしておくと、パソコンからスマートフォンの現在位置を調べることができます。パソコンのWebブラウザーで「https://android.com/find」にアクセスし、紛失してしまったスマートフォンと同じGoogleアカウントでログインします。ブラウザーに「Googleデバイスを探す」が表示され、端末の検知がはじまり、現在スマートフォンがある位置が表示されます。この画面から、スマートフォンの音を鳴らしたり、ロックをかけたりできます。盗難の可能性がある場合は、スマートフォンのデータを完全に消去して個人情報を守ることもできます。ただし、端末の電源が入っていなかったり、データ通信ができない状態の場合は、この機能が使えないことに注意してください。

Q5 パスコードロックの番号を忘れてしまった！

A. 端末を初期化するしか方法がありません

パスコードロックの番号を忘れてしまった場合、端末を初期化する以外に端末を復活させる方法はありません。パスコードは絶対に忘れないようにしましょう。なお、初期化する方法は、前ページのQ4の方法で端末を探し、「デバイスデータを消去」をクリックします。

Q6 端末のアップデートってしたほうがいいの？

A. セキュリティ対策にもなるのでアップデートしましょう

Android OSは不具合の修正やセキュリティ対策などのために、定期的にアップデートが配信されます。アップデートをしておくとセキュリティ対策にもなります。設定アプリから、「システム」→「システムアップデート」をタップすると、アップデートを確認できます。アップデートはデータ量が多いこともあるので、Wi-Fi接続で行うとよいでしょう。なお、最新の場合は上のような画面が表示されます。

お使いのシステムは
最新の状態です
Android のバージョン: 13
Android セキュリティ アップデート: 2023年2月5日

Q7 災害で電話がつながらなくて家族の安否がわからない！

A. LINEを活用しましょう

災害時は電話がつながりにくくなります。そういう場合はLINEであらかじめ家族のグループを作成しておき、災害時の集合場所を確認しておくとよいでしょう。キャリアのモバイル通信はつながりにくくなるので、可能であればWi-Fiに接続ができると、LINEでの連絡がつながりやすくなります。

Q8 大事故や災害時に使えるツールを知りたい！

A. TwitterなどのSNSアプリが便利です

大事故や災害時は情報収集できるツールが不可欠です。ニュースアプリだけではなく、リアルタイムで状況がわかるSNSアプリも導入しておくとよいでしょう。とくにTwitterは情報が早いので、防災や地震速報などのアカウントをフォローしておくと、いざというときにすばやく情報が得られるでしょう。

付録

キャリアのサービスについて知ろう

レッスン

67 ドコモについて知ろう

キャリアのサービスについて確認しましょう。
ここではドコモのサービスとメールについて見ていきます。

ドコモサービスについて

ドコモのサービスを利用するには、ドコモショップなどで回線契約をして、ドコモのアカウントの「dアカウント」を取得する必要があります。dアカウントはパソコンやスマートフォンから作成することもできますが、ドコモショップでスマートフォンの契約をする際に一緒に取得することもできるので、ドコモショップで尋ねてみるとよいでしょう。

dマーケット

ドコモが運営するポータルサイト。ネットショッピングや映画、音楽、電子書籍などのサービスが提供されています。

d POINT CLUB

ドコモが提供するポイントサービス。ポイントを貯めて、支払いに利用したり、景品と交換したりできます。

dアカウントの作成方法

dアカウントを持っていない場合は、Chromeアプリでdアカウントポータルサイト（https://id.smt.docomo.ne.jp/）にアクセスします。

無料のdアカウントを作成

をタップし、画面の指示にしたがってアカウントを取得します。

アドバイス

dアカウントをすでに持っている場合は、この操作は必要ありません。

ヒント ドコモメールを設定する

ドコモメールを設定する場合は、My docomoアプリを起動して、「設定」→「メール設定」をタップし、画面の指示にしたがってdアカウントの利用設定を有効にします。有効にすると、ドコモメールアプリでドコモメールが利用できるようになります。

終わり

レッスン 68 auについて知ろう

auのサービスについて確認しましょう。
au IDを取得することでさまざまなサービスを受けることができます。

auサービスについて

auのサービスを利用するには、auショップなどで回線契約をして、auのアカウントである「au ID」を取得する必要があります。ドコモのdアカウントと同様に、au IDはパソコンやスマートフォンから作成できますが、auショップでスマートフォンの契約をする際に取得手続きをすることもできます。なお、auの提供するauスマートパスプレミアムは有料サービスです。

My au

au IDでログインすると、契約内容や手続き、利用料金などの確認をすることができます。

auスマートパスプレミアム

月額548円（税込）で利用できるサービスです。お得な特典を受けられたり、映像・音楽・雑誌などのエンタメを楽しめたりします。

au IDの登録方法

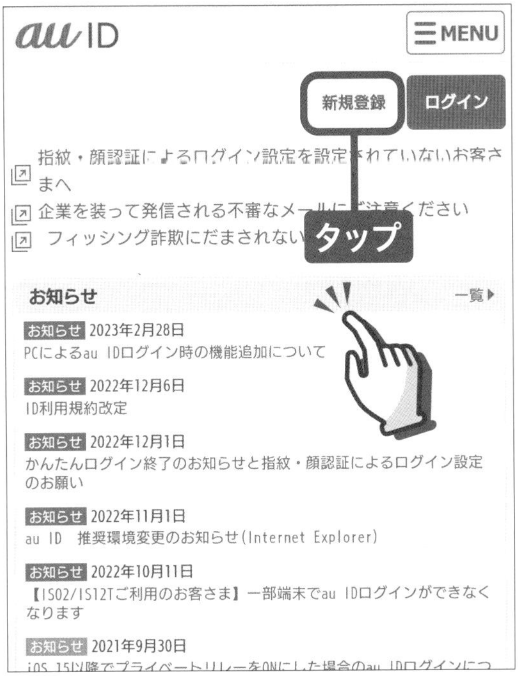

au IDを持っていない場合は、Chromeアプリでau IDの公式ページ(https://id.auone.jp/)にアクセスします。

新規登録 をタップし、画面の指示にしたがってアカウントを取得します。

ヒント auメールを設定する

auメールを設定する場合は、auメールアプリを起動します。「auメールアプリ利用上の確認事項」画面が表示されたら、「同意する」をタップします。次に右図の画面で許可を求められるので、「次へ」のあとに何度か「許可」や「OK」をタップすると、自動的にメールアドレス作成されます。なおメールアドレスを変更する場合は、≡→「アドレス変更/迷惑メール設定」をタップして変更しましょう。

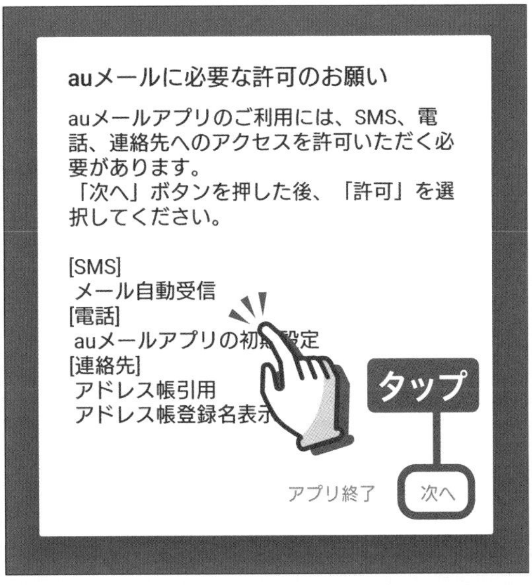

終わり

レッスン69
ソフトバンクについて知ろう

My SoftBankでSoftBank IDを取得することによって、S!メール（MMS）などのさまざまなサービスを利用できます。

ソフトバンクサービスについて

ソフトバンクのサービスを利用するには、ソフトバンクショップなどで回線契約をして、「My SoftBank」に登録（SoftBank IDを取得）する必要があります。ドコモのdアカウントなどと同様に、My SoftBankの登録はパソコンやスマートフォンから作成できますが、ソフトバンクショップでスマートフォンの契約をする際に一緒に登録することもできます。ソフトバンクでは下記以外にもさまざまなサービスを提供しています。

My SoftBank

料金の支払い内容を確認したり、近くのソフトバンクショップを検索したりできます。

あんしんバックアップ

スマートフォンのデータをバックアップしたり、機種変更後にデータを復元したりできます。

SoftBank IDを取得します

SoftBank IDを持っていない場合は、
My SoftBankアプリを起動して取得します。

はじめるをタップし、
画面の指示にしたがってIDを取得します。

ヒント　S!メール（MMS）を設定する

S!メール（MMS）を設定する場合は、My SoftBankアプリを起動します。「照会・設定」→「アドレス設定」をタップすると、アドレスを確認でき、「アドレスを変更する」からアドレスを変更できます。
S!メール（MMS）の送受信は、+メッセージアプリで行います。

レッスン
70 楽天モバイルについて知ろう

楽天モバイルのサービスについて確認しましょう。楽天会員になることで、楽天市場をはじめとするさまざまなサービスを利用できます。

楽天サービスについて

楽天のサービスを利用するには、楽天のアカウントである「楽天会員ID」を取得する必要があります。ドコモのdアカウントなどと同様に、「楽天会員ID」の作成はパソコンやスマートフォンからできますが、楽天モバイルショップでスマートフォンの契約をする際に一緒に登録することもできます。楽天では、下記以外にもさまざまなサービスを提供しています。

楽天市場

楽天が運営しているインターネットショッピングモール。クーポンの配布やセールを行っているため、お得に買い物ができます。

楽天PointClub

楽天のサービスの利用などによって楽天ポイントを貯めることができます。貯めたポイントはお買い物やスマホ代に充てることが可能です。

楽天会員の登録方法

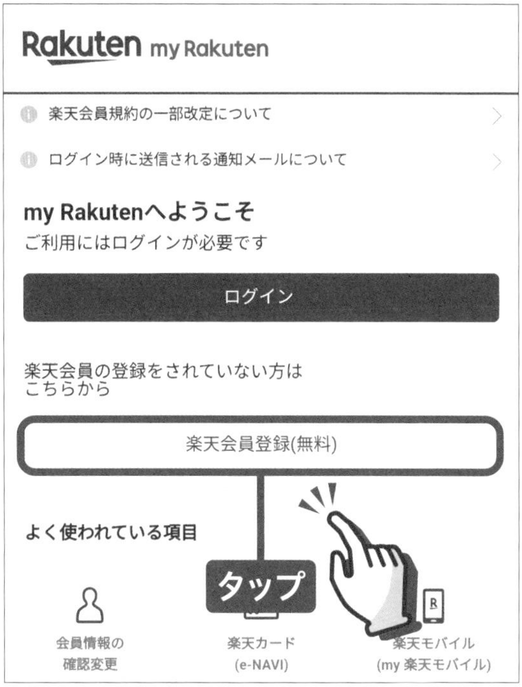

楽天モバイルは回線の申し込みの際に、楽天会員のIDが必要です。楽天会員の登録を済ませていない場合は、Chromeアプリで楽天会員専用の情報管理ページ「my Rakuten」(https://my.rakuten.co.jp/)にアクセスします。

楽天会員登録(無料)をタップし、画面の指示にしたがってアカウントを取得します。

ヒント 楽メールを設定する

楽メールを設定する場合は、my楽天モバイルアプリを起動して、「メールアドレス設定」をタップし、画面の指示にしたがってメールアドレスを作成します。なお、楽メールは、Rakuten Linkアプリで「楽メール」→「上記に同意してはじめる」をタップして利用を開始します。

終わり

レッスン 71

格安SIMについて知ろう

格安SIMとは、通常の大手キャリアの料金よりも安く利用できるSIMカードのことです。そのメリットとデメリットについて確認しましょう。

格安SIMについて

通常のスマートフォンと同様にSIMカードを挿入して、各キャリアより低価格でネット接続や通話が利用できるサービスのことを格安SIMといいます。格安SIMのほとんどは各キャリアから回線を借りているため、回線速度は若干遅くなりますが、ほぼ日本全国で利用することができます。
格安SIMには、「音声通話機能付きSIMカード」と「データ通信専用SIMカード」の2種類あります。「音声通話機能付きSIMカード」はその名の通り、格安SIMで通話もインターネットも利用することができます。そして「データ通信専用SIMカード」はインターネットの利用はできますが、通話はできません。その分通話機能付きのものより安いので、インターネットのみを利用する場合はこちらを選択するとよいでしょう。2023年4月現在では、多くの格安SIM事業者が登場しています。各事業者もさまざまな料金プランやサービスを提供しているので、インターネットなどでよく調べてから事業者を選択し、契約を行いましょう。

音声通話機能付きSIMカード

データ通信専用SIMカード

格安SIMのメリット・デメリット

メリット

格安SIMのメリットは何といっても月額料金の安さにあります。料金プランによってはスマホ代を1,000円以下にすることもできます。また、電話番号をそのまま引き継ぐことができるので、わざわざ家族や友だちに番号変更の連絡をしなくても大丈夫です。さらに、回線はキャリアから借りているところがほとんどなので、インターネットやアプリ、メールも通常通りに行うことができます。

料金が安い

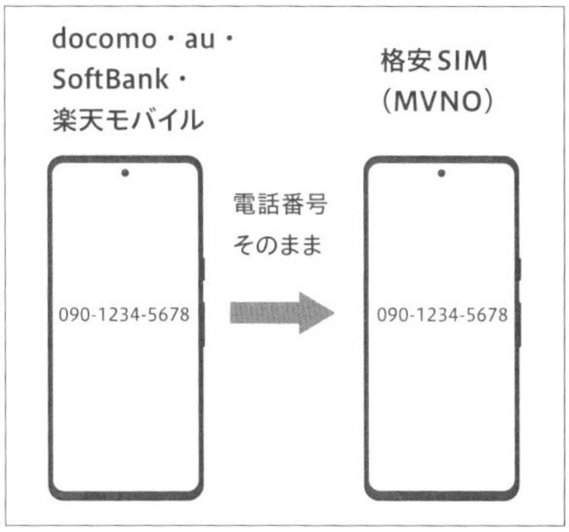

電話番号はそのまま

インターネットも
アプリも使える

デメリット

格安SIMのデメリットはキャリアメールが使えないことですが、これはGmailを使うことで解決することができます。ほかにも店舗数が少ないため、お客様サポートは電話やメールでの問い合わせになる場合が多いです。また、初期設定などはすべて自分で行わなければなりません。
そして格安SIMの一番のデメリットは通話料金が高いことです。これは意外かもしれませんが、通常格安SIMの月額料金には通話料は含まれていません。そのため、通話30秒ごとに通話料金が発生するのです。これについて、格安SIM事業者によっては有料オプションで通話し放題サービスを提供している場合もあります。また、LINEアプリの無料通話を利用して通話料を節約する方法もあります。

終わり

索引

記号・数字・英字

あ行

か行

な・は行

ま・や・ら行

本書の注意事項

- 本書に掲載されている情報は、2023 年 4 月現在のものです。本書の発行後に Android 13 や各アプリの機能や操作方法、画面が変更された場合は、本書の手順どおりに操作できなくなる可能性があります。
- 本書に掲載されている画面や手順は一例であり、すべての環境で同様に動作することを保証するものではありません。読者がお使いの端末機器、キャリアなどの利用環境によって、紙面とは異なる画面、異なる手順となる場合があります。
- 読者固有の環境についてのお問い合わせ、本書の発行後に変更されたアプリ、各種サービスなどについてのお問い合わせにはお答えできない場合があります。あらかじめご了承ください。
- 本書に掲載されている手順以外についてのご質問は受け付けておりません。
- 本書の内容に関するお問い合わせに際して、お電話によるお問い合わせはご遠慮ください。

著者紹介

原田 和也（はらだ・かずや）

テクニカルライター。デジタル機器の開発からスマホ向けのアプリ作りに携わったことで、ユーザーにとって本当に使いやすい機器、サービスを考える日々を過ごす。企業内でサービスのサポート担当を経て、デジタル家電などのガジェットの紹介記事の執筆をはじめる。最近は、スマホ教室での使い方の講師も行っている。日々登場する新しい技術やサービスを、よりわかりやすく伝えられる方法を日夜考えている。

・本書へのご意見・ご感想をお寄せください。

URL：https://isbn2.sbcr.jp/17004/

いちばんやさしい スマートフォン超入門 Android対応 第2版

2020 年　7 月 15 日　初版第 1 刷発行
2023 年　6 月 10 日　第 2 版第 1 刷発行

著者……………………原田 和也
発行者…………………小川 淳
発行所…………………SB クリエイティブ株式会社
〒106-0032 東京都港区六本木 2-4-5
https://www.sbcr.jp/
印刷・製本……………株式会社シナノ
カバーデザイン………西垂水 敦（Krran）
カバーイラスト………土居香桜里

落丁本、乱丁本は小社営業部（03-5549-1201）にてお取り替えいたします。

Printed in Japan ISBN 978-4-8156-1700-4